原子量表（2024）

原子番号	元素	元素記号	原子量
1	水素	H	[1.007 84, 1.008 11]
2	ヘリウム	He	4.002 602
3	リチウム	Li	[6.938, 6.997]
4	ベリリウム	Be	9.012 1831
5	ホウ素	B	[10.806, 10.821]
6	炭素	C	[12.0096, 12.0116]
7	窒素	N	[14.006 43, 14.007 28]
8	酸素	O	[15.999 03, 15.999 77]
9	フッ素	F	18.998 403 162
10	ネオン	Ne	20.1797
11	ナトリウム	Na	22.989 769 28
12	マグネシウム	Mg	[24.304, 24.307]
13	アルミニウム	Al	26.981 5384
14	ケイ素	Si	[28.084, 28.086]
15	リン	P	30.973 761 998
16	硫黄	S	[32.059, 32.076]
17	塩素	Cl	[35.446, 35.457]
18	アルゴン	Ar	[39.792, 39.963]
19	カリウム	K	39.0983
20	カルシウム	Ca	40.078
21	スカンジウム	Sc	44.955 907
22	チタン	Ti	47.867
23	バナジウム	V	50.9415
24	クロム	Cr	51.9961
25	マンガン	Mn	54.938 043
26	鉄	Fe	55.845
27	コバルト	Co	58.933 194
28	ニッケル	Ni	58.6934
29	銅	Cu	63.546
30	亜鉛	Zn	65.38
31	ガリウム	Ga	69.723
32	ゲルマニウム	Ge	72.630
33	ヒ素	As	74.921 595
34	セレン	Se	78.971
35	臭素	Br	[79.901, 79.907]
36	クリプトン	Kr	83.798
37	ルビジウム	Rb	85.4678
38	ストロンチウム	Sr	87.62
39	イットリウム	Y	88.905 838
40	ジルコニウム	Zr	91.224
41	ニオブ	Nb	92.906 37
42	モリブデン	Mo	95.95
43	テクネチウム	Tc	
44	ルテニウム	Ru	101.07
45	ロジウム	Rh	102.905 49
46	パラジウム	Pd	106.42
47	銀	Ag	107.8682
48	カドミウム	Cd	112.414
49	インジウム	In	114.818
50	スズ	Sn	118.710
51	アンチモン	Sb	121.760
52	テルル	Te	127.60
53	ヨウ素	I	126.904 47
54	キセノン	Xe	131.293
55	セシウム	Cs	132.905 451 96
56	バリウム	Ba	137.327
57	ランタン	La	138.905 47
58	セリウム	Ce	140.116
59	プラセオジム	Pr	140.907 66
60	ネオジム	Nd	144.242
61	プロメチウム	Pm	
62	サマリウム	Sm	150.36
63	ユウロピウム	Eu	151.964
64	ガドリニウム	Gd	157.25
65	テルビウム	Tb	158.925 354
66	ジスプロシウム	Dy	162.500
67	ホルミウム	Ho	164.930 329
68	エルビウム	Er	167.259
69	ツリウム	Tm	168.934 219
70	イッテルビウム	Yb	173.045
71	ルテチウム	Lu	174.9668
72	ハフニウム	Hf	178.486
73	タンタル	Ta	180.947 88
74	タングステン	W	183.84
75	レニウム	Re	186.207
76	オスミウム	Os	190.23
77	イリジウム	Ir	192.217
78	白金	Pt	195.084
79	金	Au	196.966 570
80	水銀	Hg	200.592
81	タリウム	Tl	[204.382, 204.385]
82	鉛	Pb	[206.14, 207.94]
83	ビスマス	Bi	208.980 40
84	ポロニウム	Po	
85	アスタチン	At	
86	ラドン	Rn	
87	フランシウム	Fr	
88	ラジウム	Ra	
89	アクチニウム	Ac	
90	トリウム	Th	232.0377
91	プロトアクチニウム	Pa	231.035 88
92	ウラン	U	238.028 91
93	ネプツニウム	Np	
94	プルトニウム	Pu	
95	アメリシウム	Am	
96	キュリウム	Cm	
97	バークリウム	Bk	
98	カリホルニウム	Cf	
99	アインスタイニウム	Es	
100	フェルミウム	Fm	
101	メンデレビウム	Md	
102	ノーベリウム	No	
103	ローレンシウム	Lr	
104	ラザホージウム	Rf	
105	ドブニウム	Db	
106	シーボーギウム	Sg	
107	ボーリウム	Bh	
108	ハッシウム	Hs	
109	マイトネリウム	Mt	
110	ダームスタチウム	Ds	
111	レントゲニウム	Rg	
112	コペルニシウム	Cn	
113	ニホニウム	Nh	
114	フレロビウム	Fl	
115			
116			
117			
118			

日本化

新・演習物質科学ライブラリ＝6

基礎　分析化学演習

宗林由樹・向井　浩　共著

サイエンス社

サイエンス社のホームページのご案内
https://www.saiensu.co.jp
ご意見・ご要望は　rikei@saiensu.co.jp　まで.

まえがき

本書は，テキスト「基礎 分析化学［新訂版］」に対応する演習書として執筆されました．筆者は本書の執筆にあたり，以下の目標をかかげました．

(1) テキストとは異なる，オリジナルの，できるだけ現実に即した，多様な問題を集める．
(2) 自習に十分対応できるわかりやすい解答をつける．
(3) 読者が本書だけで定量化学分析の全体像をとらえられるようにする．

問題の多くは，著者が長年担当してきた講義の定期試験問題をもとにしています．一部の問題は，公表されている京都大学大学院理学研究科化学専攻入学試験問題を改変したものです．これについては，匿名の原作者に御礼申し上げます．残りの問題は，本書のために新たにつくりました．問題と解答の正確さはくりかえし確認しましたが，まだ不備があるかもしれません．お気づきの点がありましたらお知らせいただければ幸いです．

問題を自分で考えて解くことは，理解を深めるために欠かせません．本書が皆さんの分析化学の勉強，大学院入試，および将来の研究や実践に役立つことを願っております．

サイエンス社の田島伸彦氏と鈴木綾子氏と仁平貴大氏は本書の執筆をお薦めくださり，また出版にあたり適切なご助言をくださいました．心より感謝いたします．

2024 年 10 月

宗林由樹
向井　浩

目　次

第1章　定量分析と化学平衡の基礎　1

1.1　分析化学の分類 …… 1
1.2　基本的な器具と操作 …… 1
　例題1
1.3　分析データの取扱い …… 3
　例題2
1.4　溶媒としての水 …… 6
1.5　活　量 …… 6
1.6　容量分析の原理 …… 6
　例題3

第2章　酸塩基反応と酸塩基滴定　9

2.1　ブレンステッド–ローリーの酸塩基理論 …… 9
2.2　水溶液のpH …… 9
2.3　pHの近似計算 …… 10
　例題1, 2
2.4　酸塩基滴定 …… 15
　例題3

第3章　錯生成反応とキレート滴定　19

3.1　ルイスの酸塩基理論 …… 19
3.2　生成定数 …… 19
3.3　錯体の安定度を支配する要因 …… 19
　例題1
3.4　キレート滴定 …… 23
　例題2

第4章　沈殿反応と重量分析および沈殿滴定　27

4.1　溶 解 度 積 27
4.2　イオン積による沈殿生成の予測 27
　例題 1
4.3　重 量 分 析 31
　例題 2, 3
4.4　沈 殿 滴 定 36
　例題 4

第5章　酸化還元反応と酸化還元滴定　39

5.1　酸化還元反応 39
　例題 1
5.2　酸化還元滴定 43
　例題 2

第6章　分 配 反 応　47

6.1　溶 媒 抽 出 47
6.2　イオン交換 49
　例題 1, 2
6.3　pH ガラス電極 54
　例題 3

総合演習問題　57

問 題 解 答　80

1 章の問題解答 80
2 章の問題解答 82
3 章の問題解答 88
4 章の問題解答 90
5 章の問題解答 93
6 章の問題解答 98

総合演習問題の解答 98

索　　引 118

1　定量分析と化学平衡の基礎

1.1　分析化学の分類

- 目的による：
  定性分析（qualitative analysis），**定量分析**（quantitative analysis），**状態分析**（analysis of state），**スペシエーション**（speciation）.
- **化学分析**（chemical analysis）：
  化学的な原理・方法を用いる．**重量分析**（gravimetric analysis），**容量分析**（volumetric analysis）.
  - ◇**主成分**（major components; > 1 %）や，**少量成分**（minor components; 0.01〜1 %）の高精度分析に適する．
- **機器分析**（instrumental analysis）：
  物理的な原理・方法を用いる．物理分析．

1.2　基本的な器具と操作

• 試薬 •

- 安全データシート（Safety Data Sheet）：
  （https://www.j-shiyaku.or.jp/Sds）などから入手できる．

• 器具 •

- 材質の特徴を知る．
- 必要な有効数字の桁数に応じた器具の選択と適切な操作．
- はかり
  - ◇ひょう量誤差の原因
- 容量分析器具

• 試料溶液の調製 •

- 試料の乾燥，溶解，融解，および分解

例題 1

以下の文章の空欄 [ア] ～ [コ] に入る適当な語句を答えよ．

(1) [ア] は，試料中にどのような元素，イオン，化合物などが存在するかを明らかにすること（検出・同定）を目的とする．[イ] は，それら成分の存在量や組成を明らかにすることを目的とする．[ウ] は，成分の存在状態や化学種を明らかにすることを目的とする．

(2) [エ] は，SiO_2 と B_2O_3 が共重合した三次元網目構造を有し，Na_2O，Al_2O_3 を数 % 含む．ガラス器具に広く使われている．化学的耐性に優れているが，[オ] や熱アルカリ溶液に侵される．

(3) 石英ガラスの化学式は，[カ] で示される．[エ] よりさらに耐熱性が高く，1000 ℃ まで使用できる．波長 200 nm 以上の [キ] を透過するので，光学材料としても有用である．

(4) 物質に固有の [ク] は定量分析の基本量である．地球上では重力によって引き起こされる物質の [ケ] を利用して [ク] を求める．[ケ] の測定を [コ] と呼ぶ．

解答

(1) ア，定性分析； イ，定量分析； ウ，状態分析

(2) エ，ホウケイ酸ガラス； オ，フッ化水素酸

(3) カ，SiO_2； キ，紫外線

(4) ク，質量； ケ，重量； コ，ひょう量

問　題

1.1 次の問に答えよ．

(1) 電子はかりを使って正確にひょう量するための注意点を箇条書きにせよ．

(2) 代表的な容量分析器具を三つ挙げ，それらを出用と受用に分類せよ．

(3) 酸化マグネシウムの精密なひょう量は無意味である理由を説明せよ．

(4) 鉱酸の共沸混合物について，例を挙げて説明せよ．

(5) 有機物試料を分解して水溶液にする方法を説明せよ．

1.3　分析データの取扱い

• **正確さ**（accuracy）**と精度**（precision）•

• **誤差** •

- **確定誤差**（determinate error），**系統誤差**（systematic error）
  - ◇絶対誤差または相対誤差で表される．
- **不確定誤差**（indeterminate error），**偶然誤差**（random error）
  - ◇標準偏差で表される．

• **定量結果の表現** •

$$\overline{x} \pm s \ (n = \square)$$

ここで $\overline{x}$ は n 個の測定値 x_i の算術平均，s は**標準偏差**（standard deviation）．

$$\overline{x} = \frac{\sum x_i}{n}$$

$$s = \sqrt{\frac{\sum (x_i - \overline{x})^2}{n-1}}$$

• **有効数字** •

- 標準偏差の大きさが平均の**有効数字**（significant figure）を決める．
- 有効数字の計算と誤差の伝播．

• **結果の棄却** •

- ディクソンの Q 検定．
- 明らかなまちがいか，意味のある異常値かを判断するのは難しい．

• **単位の表現** •

- 無次元での表現：%, ppm など
  - ◇成分と試料を同じ単位で表現して計算する．
- モルに基づく表現
  - ◇**容量モル濃度**（molarity; mol/L = M）：分母は溶液の体積（L）．分析化学で一般的．
  - ◇**重量モル濃度**（molality; mol/kg）：分母は溶媒の質量（kg）．
  - ◇**注意**：分野によって異なる定義が用いられる．例えば，海洋学では mol/kg の分母は海水の質量である．

例題 2

[ア]は，測定値を表す数字のうち，位取りを示すゼロを除いた意味のある数字である．確実なすべての位と，[イ]を含む最後の位の数字からなる．測定結果は，測定回数 n とともに $\overline{x} \pm s$ の形で表すことが望ましい．x_i を個々の測定値とすると，$\overline{x}$ はその[ウ]，s は[エ]である．測定値を含む計算では，測定の[イ]が伝播する．そのため，計算結果の[ア]の桁数は，計算に用いる[ア]のうち最も[オ]桁数を超えることはない．実験の計画では，このことを考慮すべきである．すなわち，[ア] 4 桁の定量を行うためには，肝心なひょう量や体積測定のすべてを[カ]桁以上の精度で行わなければならない．

[ア]を使って計算するときの規則は以下のようである．

- 掛け算と割り算：答えの[ア]は，[ア]の桁数が最も[オ]数に合わせる．
- 足し算と引き算：答えの[ア]は，[ア]の[キ]の位が最も高い数に揃える．
- 対数：真数と対数の仮数の[ア]を同じ桁数とする．

例えば，3.5×10^{-3} M HCl 溶液の pH を求める場合，

$$\mathrm{pH} = -\log(3.5 \times 10^{-3}) = -(0.54 - 3) = 2.46$$

ここで真数 3.5×10^{-3} の[ア]は[ク]桁である．その対数をとるとき，$\log 10^{-3}$ からくる -3 は，小数点の位置を決める数であり，指標と呼ばれる．これは真数の[ア]と無関係である．$\log 3.5 = 0.54$ であるが，これを仮数と呼ぶ．この仮数の[ア]を真数と一致させる．

(1)　空欄[ア]～[ク]に入る適切な語句または数値を記せ．

(2)　実験廃水中の水銀濃度を原子吸光法で5回定量したところ，次の測定値 (ppb) を得た．結果を $\overline{x} \pm s$ の形で表せ．このとき，s に基づいて適切な[ア]の桁数を決定せよ．

$$1.266,\quad 1.351,\quad 1.037,\quad 1.199,\quad 1.310$$

解答

(1)　ア，有効数字；　イ，誤差；　ウ，平均；　エ，標準偏差；
　　オ，少ない；　カ，4；　キ，最後；　ク，2

(2)　1.23 ± 0.11 ppb または 1.2 ± 0.1 ppb

問　題

1.2　表 1.1 は，学生 A と学生 B が pH ガラス電極を用いて同じ試料の pH を測定し，水素イオン濃度を計算した結果である．ここで E−11 は $\times 10^{-11}$ を表す．以下の問に答えよ．

表 1.1　pH 測定結果

	A		B	
	pH	$[H^+]$ mol/L	pH	$[H^+]$ mol/L
	10.53	3.0E−11	10.44	3.6E−11
	10.49	3.2E−11	10.37	4.3E−11
	10.56	2.8E−11	10.54	2.9E−11
	10.52	3.0E−11	10.40	4.0E−11
	10.54	2.9E−11	10.27	5.4E−11
平均	10.53	ア	ウ	4.0E−11
標準偏差	0.03	イ	エ	9.1E−12

(1)　空欄ア〜エの数値を求めよ．

(2)　学生 A と学生 B の pH 測定値の有効数字はそれぞれ何桁と考えるべきか．

(3)　上の表において系統誤差と偶然誤差がどこに現れているかを述べよ．

1.3　以下の文章における誤りを指摘し，訂正せよ．

(1)　1.73×10^6 の常用対数は，有効数字を考慮すると，6.24 である．

(2)　標準偏差は分析値の正確さを評価する目安となる．

(3)　0.5 M HF 水溶液 25 mL をホットプレート上で蒸発させ，0.5 mL とした．このとき，HF の量は最初の 50 分の 1 になっている．

(4)　市販のアナログ式 pH メータには，pH 0〜14 の目盛りが記されている．これは，pH は原理的に 0〜14 の範囲の値しか取り得ないからである．

(5)　$(Et_3P)_2PtCl_2$ 錯体の波長 200〜300 nm における吸光スペクトルを測定するには，ホウケイ酸ガラスのセルを用いるのが適当である．

1.4 溶媒としての水

- 水分子：二つの孤立電子対，高い双極子モーメント
- 巨視的特徴：水素結合のネットワーク，高い比誘電率

1.5 活　量

- **共存イオン効果**（diverse ion effect）：イオン雰囲気が中心イオン i の電荷を遮へいし，**活量**（activity）a_{i} を低下させる．

$$a_{\mathrm{i}} = f_{\mathrm{i}} c_{\mathrm{i}}$$

ここで，f_{i} はイオン i の活量係数，$c_{\mathrm{i}} = [\mathrm{i}]$ はモル濃度（mol/L）．

◇ 本書では活量の単位も mol/L とする．

- **デバイ–ヒュッケルの拡張式**（Debye–Hückel equation）

$$\log f_{\mathrm{i}} = -\frac{A|z_{\mathrm{i}}^2|\sqrt{\mu}}{1 + B\alpha_{\mathrm{i}}\sqrt{\mu}}$$

ここで，log は常用対数，A と B は定数，z_{i} はイオン i の電荷，α_{i} は水和イオン i のイオン直径パラメータ，μ は溶液の**イオン強度**（ionic strength）．

$$\mu = \frac{1}{2}\sum z_{\mathrm{i}}^2 c_{\mathrm{i}}$$

- **熱力学的平衡定数**（thermodynamic equilibrium constant）K°

化学平衡 $a\mathrm{A} + b\mathrm{B} \rightleftharpoons c\mathrm{C} + d\mathrm{D}$ について，

$$K^\circ = \frac{a_{\mathrm{C}}^c a_{\mathrm{D}}^d}{a_{\mathrm{A}}^a a_{\mathrm{B}}^b} = \frac{f_{\mathrm{C}}^c c_{\mathrm{C}}^c f_{\mathrm{D}}^d c_{\mathrm{D}}^d}{f_{\mathrm{A}}^a c_{\mathrm{A}}^a f_{\mathrm{B}}^b c_{\mathrm{B}}^b} = \frac{f_{\mathrm{C}}^c f_{\mathrm{D}}^d}{f_{\mathrm{A}}^a f_{\mathrm{B}}^b} K$$

ここで，K はモル濃度平衡定数．

◇ 本書では簡単のため平衡定数をすべて無次元で表す．

1.6 容量分析の原理

- **滴定**（titration）：目的成分 A を含む試料溶液に，それと反応する滴定剤 T を含む**標準液**（standard solution）を滴下し，**終点**（end point）までに加えられた標準液の量から A を定量する．生成物を P とすると，滴定反応式は

$$a\mathrm{A} + t\mathrm{T} \longrightarrow \mathrm{P}$$

全濃度（または式量濃度，分析濃度）を C，体積を V とすると，

$$C_{\mathrm{A}} = \frac{aC_{\mathrm{T}}V_{\mathrm{T}}}{tV_{\mathrm{A}}}$$

◇**注意**：全濃度 C は化学種の平衡濃度 $c_{\mathrm{i}} = [\mathrm{i}]$ とは異なる．

● **標定**（standardization）：一次標準物質でない標準液のファクター f を求める操作．例えば，0.01 M NaOH（$f = 0.9867$）標準液の精確な全濃度は，

$$C = 0.9867 \times 0.01\ \mathrm{M} = 9.867 \times 10^{-3}\ \mathrm{M}$$

例題 3

図 1.1 は，希薄水溶液における陽イオンのまわりの溶媒構造のモデルである．これに関して，以下の問に答えよ．

(1)　それぞれの領域における水の構造の特徴を述べよ．

（ア）　中心部（第一水和圏）

（イ）　第二水和圏

（ウ）　遷移帯

（エ）　バルク

(2)　図 1.1 のような構造が形成されて，陽イオンが水に溶ける現象を何と呼ぶか．

(3)　高濃度の電解質を含む溶液では，図 1.1 のモデルが成り立たなくなる．その理由を簡潔に述べよ．

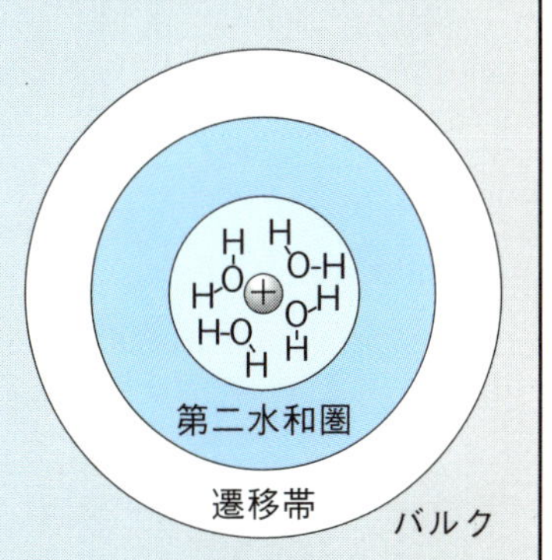

図 1.1　陽イオンまわりの水の構造

解答　(1)

（ア）　水分子が陽イオンに配位結合し，アクア錯体をつくる．

（イ）　水分子が陽イオンの電場の影響を受けて配列する．

（ウ）　水の構造性が最も低い．

（エ）　溶質の影響はほとんど無く，純粋な水の構造をとる．

(2)　水和

(3)　水分子が不足してバルクや遷移帯の領域が無くなる．

問 題

1.4 イオンが水に溶解するとき，イオンと水分子は配位結合や水素結合をつくり，系が安定化される．この現象を［ア］と呼ぶ．イオンの活量係数はごく希薄な塩酸溶液では［イ］であるが，塩酸濃度が高くなると小さくなる．これは，イオンのまわりに反対電荷のイオンが存在する確率が高くなるからである．時間平均すると，あるイオンをとりまく球は，中心イオンの電荷と大きさが等しく符号が反対の正味の電荷をもつ．これを［ウ］と呼ぶ．［ウ］は中心イオンの電荷を遮へいし，その活量を小さくする．きわめて濃厚な塩酸溶液では，活量係数は［イ］より［エ］なる．これは水分子の数がすべてのイオンを［ア］するのに十分でなくなるためである．

空欄［ア］〜［エ］に入る適切な語句または数値を答えよ．

1.5 弱電解質 AB は水中で A^+ と B^- に解離し，この反応の熱力学的平衡定数は 3.0×10^{-9} である．

(1) 5.0×10^{-3} mol/L AB 水溶液における A^+ と B^- のモル濃度を求めよ．A^+ と B^- の活量係数は 1 であるとする．

(2) イオン強度 0.1 の共存塩を含む 5.0×10^{-3} mol/L AB 水溶液における A^+ と B^- のモル濃度を求めよ．このとき A^+ と B^- の活量係数はそれぞれ 0.60 と 0.50 であるとする．

2　酸塩基反応と酸塩基滴定

2.1　ブレンステッド–ローリーの酸塩基理論

- ブレンステッド–ローリーの酸塩基理論（Brønsted–Lowry acid-base theory）では，**酸**（acid）は水素イオン供与体，**塩基**（base）は水素イオン受容体．
- **共役酸塩基対**（conjugate pairs）を常に考慮する．

2.2　水溶液の pH

- 水溶液では水素イオンはヒドロニウムイオン H_3O^+ をつくるが，本書では簡単のために H^+ と表す．
- 酸 HA の**酸解離**（acid dissociation）反応は，

$$HA + H_2O \rightleftharpoons H_3O^+ + A^-$$

熱力学的酸解離定数は，

$$K_a^\circ = \frac{a_{H_3O^+}a_{A^-}}{a_{HA}a_{H_2O}}$$

希薄溶液では，熱力学的酸解離定数はモル濃度酸解離定数 K_a で近似できる．

$$K_a^\circ \approx K_a = \frac{[H^+]\,[A^-]}{[HA]}$$

- 塩基 B の**塩基加水分解**（base hydrolysis）反応は，

$$B + H_2O \rightleftharpoons HB^+ + OH^-$$

熱力学的塩基加水分解定数は，

$$K_b^\circ = \frac{a_{HB^+}a_{OH^-}}{a_B a_{H_2O}}$$

希薄溶液では，

$$K_b^\circ \approx K_b = \frac{[HB^+]\,[OH^-]}{[B]}$$

- H_2O は酸としても塩基としても働き，**自己プロトリシス**（autoprotolysis）を起こす．

$$\mathrm{H_2O + H_2O \rightleftharpoons H_3O^+ + OH^-}$$

希薄溶液の自己プロトリシス定数は，

$$K_\mathrm{w}^\circ \approx K_\mathrm{w} = [\mathrm{H^+}]\,[\mathrm{OH^-}]$$

25 ℃では，$K_\mathrm{w} = [\mathrm{H^+}]\,[\mathrm{OH^-}] = 2.5 \times 10^{-14}$.

- 水素イオン指数 pH の定義は，$\mathrm{pH} = -\log a_{\mathrm{H_3O^+}} \approx -\log\,[\mathrm{H^+}]$．ここで log は常用対数.

2.3 pH の近似計算

- 平衡解析で考えるべき条件は，平衡定数，物質収支（質量保存），および電荷均衡（電気的中性）．多くの場合，pH は溶液中で最も強く，最も多量に存在する酸または塩基によって支配される.
- 強酸 HA の希薄溶液では，HA の酸解離と水の自己プロトリシスの二つの反応を考える．HA の全濃度を C とおくと，物質収支より

$$C = [\mathrm{A^-}]$$

電荷均衡より $[\mathrm{H^+}] = [\mathrm{A^-}] + [\mathrm{OH^-}]$ が成り立つので，

$$[\mathrm{H^+}] = \frac{C + \sqrt{C^2 + 4K_\mathrm{w}}}{2}$$

$C^2 \gg K_\mathrm{w}$ のとき，水の自己プロトリシスを無視できる.

- 弱酸 HA の溶液では，物質収支より $C = [\mathrm{HA}] + [\mathrm{A^-}] \approx [\mathrm{HA}]$．電荷均衡より $[\mathrm{H^+}] = [\mathrm{A^-}] + [\mathrm{OH^-}] \approx [\mathrm{A^-}]$ が成り立てば，

$$K_\mathrm{a} = \frac{[\mathrm{H^+}]^2}{C} \qquad \therefore \quad \mathrm{pH} = \frac{1}{2}(\mathrm{p}K_\mathrm{a} - \log C)$$

- 塩溶液では，塩が溶解して生じる弱酸または弱塩基のイオンが pH を決める.
- 弱酸 HA とその共役塩基 $\mathrm{A^-}$ が共存すると，**緩衝液**（buffer solution）となる．その pH は，次のヘンダーソン–ハッセルバルヒの式で表される.

$$\mathrm{pH} = \mathrm{p}K_\mathrm{a} + \log \frac{[\mathrm{A^-}]}{[\mathrm{HA}]}$$

- 多塩基酸の溶液では，**逐次酸解離定数**（stepwise acid dissociation constant）$K_{\mathrm{a}i}$ を用いる．多塩基酸の各化学種の**分率**（fraction）は pH に依存する．近似計算では，その pH で多量に存在する化学種だけを考えればよい.

例題 1

pH について以下の問に答えよ．

(1)　37 ℃ では水の自己プロトリシス定数は，

$$K_{\mathrm{w}} = [\mathrm{H}^+]\,[\mathrm{OH}^-] = 2.5 \times 10^{-14}$$

である．この温度における純水の中性 pH を求めよ．

(2)　37 ℃ の純水に 5.0×10^{-7} mol/L HCl を加えた溶液の pH を求めよ．

(3)　(2) の溶液は，現実には大気と平衡に達すると pH が 6 以下に低下する．この理由を述べよ．

解答　(1)　純水の電気的中性条件は $[\mathrm{H}^+] = [\mathrm{OH}^-]$ であるので，

$$[\mathrm{H}^+]^2 = 2.5 \times 10^{-14}$$

$$\therefore \quad \mathrm{pH} = -\frac{1}{2}\log(2.5 \times 10^{-14}) = 6.80$$

(2)　電気的中性条件は

$$[\mathrm{H}^+] = [\mathrm{Cl}^-] + [\mathrm{OH}^-]$$

である．$[\mathrm{H}^+] = x$ とおくと，

$$x^2 - 5.0 \times 10^{-7}x - 2.5 \times 10^{-14} = 0$$

$$\therefore \quad x = 5.46 \times 10^{-7}$$

$$\therefore \quad \mathrm{pH} = -\log(5.46 \times 10^{-7}) = 6.26$$

(3)　空気中の二酸化炭素が溶解し，水素イオンと炭酸水素イオンを生じるため．

問　題

2.1 次亜塩素酸 HOCl の熱力学的酸解離定数は次のようである.

$$\mathrm{HOCl} \rightleftharpoons \mathrm{H^+ + OCl^-} \qquad \mathrm{p}K_\mathrm{a}^\circ = 7.53$$

(1)　5.0×10^{-4} mol/L HOCl 溶液の次亜塩素酸イオン濃度を求めよ．ただし，この溶液において次亜塩素酸イオンと水素イオンの平均活量係数は $f_\pm = 1.0$ とする（$f_\pm = f_{\mathrm{OCl^-}} = f_{\mathrm{H^+}}$）.

(2)　0.10 mol/L NaCl を含む 5.0×10^{-4} mol/L HOCl 溶液の次亜塩素酸イオン濃度を求めよ．ただし，この溶液において次亜塩素酸イオンとヒドロニウムイオンの平均活量係数は $f_\pm = 0.80$ とする.

(3)　上の二つの溶液で次亜塩素酸イオン濃度が異なる結果を生じる効果は一般に何と呼ばれるか？　また，その原因を簡潔に説明せよ.

2.2 強酸の水溶液について以下の問に答えよ.

(1)　HCl, HNO_3，または $HClO_4$ の希薄水溶液は，同じ濃度では同じ pH になる．この効果を何と呼ぶか？

(2)　7.0×10^{-4} M $HClO_4$ の pH はいくらか？

(3)　7.0×10^{-8} M $HClO_4$ の pH はいくらか？　ただし，水の自己プロトリシス定数は，$\mathrm{p}K_\mathrm{w} = 14.00$ とする.

(4)　強酸の濃厚水溶液の pH はモル濃度から予測されるより著しく小さくなる．例えば，1.0 M HCl の pH は −0.1，10.0 M HCl の pH は −2.0 である．その理由をイオンの水和に基づいて説明せよ.

例題 2

緩衝溶液の pH の変わりにくさは［ア］と呼ばれる．全濃度 a mol/L の弱酸 HA と全濃度 x mol/L（$x < a$）の水酸化ナトリウムを溶かして得られる緩衝溶液の pH は，

$$\mathrm{pH} = \mathrm{p}K_\mathrm{a} + \boxed{\text{イ}}$$

と表せる．ここで K_a は弱酸 HA の酸解離定数である．pH を x で微分すると，

$$\frac{d\mathrm{pH}}{dx} = \frac{a}{x(a-x)}\log e$$

ここで e は自然対数の底である．よって［ア］が最大となるとき式［ウ］が成り立つ．

(1)　空欄［ア］～［ウ］に入る適切な語句または式を答えよ．

(2)　酢酸（$K_\mathrm{a} = 1.75 \times 10^{-5}$），2-アミノエタノール（$K_\mathrm{a} = 3.18 \times 10^{-10}$），ジメチルアミン（$K_\mathrm{a} = 1.68 \times 10^{-11}$）のいずれか一つと水酸化ナトリウムを用いて pH 9.40 の緩衝溶液を調製したい．どの酸を用いるべきか？　また，a と x の関係式を表せ．

解答　(1)　ア，緩衝容量；　イ，$\log\dfrac{x}{a-x}$；　ウ，$x = \dfrac{a}{2}$

(2)　$\mathrm{p}K_\mathrm{a}$ が pH 9.40 に最も近い 2-アミノエタノールを用いる．

$$\log\frac{a}{a-x} = \mathrm{pH} - \mathrm{p}K_\mathrm{a}$$

$$= 9.40 - 9.50 = -0.10$$

$$\therefore\quad x = 0.44a$$

問　題

2.3　マロン酸（プロパン二酸 $HOOCCH_2COOH$; H_2A）は以下のように酸解離する．

$$H_2A \rightleftharpoons H^+ + HA^- \qquad pK_{a1} = 2.85$$
$$HA^- \rightleftharpoons H^+ + A^{2-} \qquad pK_{a2} = 5.70$$

マロン酸の全濃度を C とおき，各化学種の分率を以下のように定義する．

$$\alpha_0 = \frac{[H_2A]}{C}, \quad \alpha_1 = \frac{[HA^-]}{C}, \quad \alpha_2 = \frac{[A^{2-}]}{C}$$

(1)　$\alpha_0 = \alpha_1$ および $\alpha_1 = \alpha_2$ となる溶液の pH をそれぞれ求めよ．

(2)　0.010 M $HOOCCH_2COONa$ 溶液の pH を求めよ．

(3)　$\alpha_0, \alpha_1, \alpha_2$ の pH 依存性を一つのグラフに表せ．(1) と (2) の結果を図示すること．

(4)　0.010 M $HOOCCH_2COONa$ 溶液と 0.010 M $NaOOCCH_2COONa$ 溶液を混合して，pH 6.00 緩衝液 100 mL をつくりたい．それぞれの溶液を何 mL 混合すればよいか？

2.4　以下のそれぞれの溶液に 0.010 M HCl 5 mL を加えたときの pH 変化を計算せよ．ただし，水の自己プロトリシス定数は $pK_w = 14.00$，酢酸 HOAc の酸解離定数は $pK_a = 4.75$ とし，空気中の二酸化炭素および共存イオンの影響は無視できるとする．

(1)　0.10 M KCl 100 mL

(2)　0.050 M HOAc および 0.050 M NaOAc を含む溶液 100 mL

2.4 酸塩基滴定

- **酸塩基滴定**（acid-base titration）では滴定剤に強酸または強塩基を用い，当量点での pH 変化を大きくする．
- 塩酸を滴定剤とする酸塩基滴定（図 **2.1**）
  - ◇強塩基 NaOH を滴定するときの反応式は，

$$Na^+ + OH^- + H^+ + Cl^- \longrightarrow H_2O + Na^+ + Cl^-$$

Na^+ はきわめて弱い酸，Cl^- はきわめて弱い塩基であるので，pH に影響しない．

  - ◇弱塩基 NH_3 を滴定するときの反応式は，

$$NH_3 + H^+ + Cl^- \longrightarrow NH_4{}^+ + Cl^-$$

当量点前は NH_3 と $NH_4{}^+$ の緩衝液．当量点では $NH_4{}^+$ が最も強い酸．

  - ◇強塩基 NaOH と弱塩基 NH_3 を含む溶液を滴定するとき，強塩基が先に中和される．pH を支配するのは第一当量点では NH_3，第二当量点では $NH_4{}^+$．
- 酸塩基指示薬はその pK_a の前後で色が変化する．当量点の pH に近い pK_a をもつ指示薬を選択する．

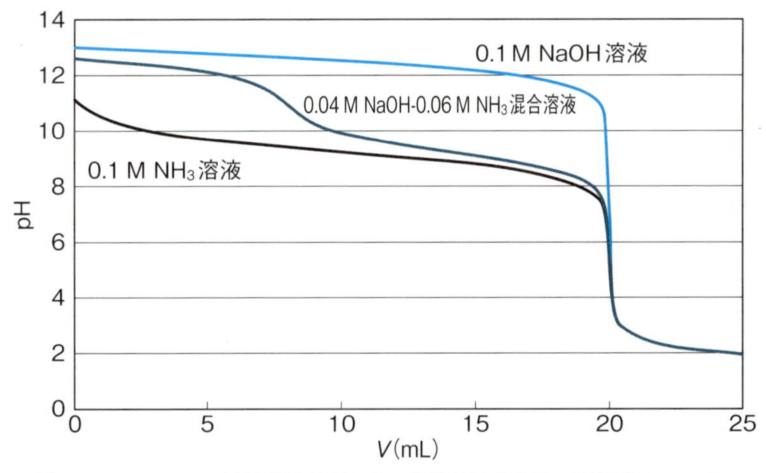

図 **2.1** 0.1 M HCl 溶液を滴定剤とする酸塩基滴定曲線．試料量は 20 mL．

例題 3

滴定剤に全濃度 0.1 M の NaOH 溶液を用いる酸塩基滴定では，最初に［ア］の標準液を用いて，NaOH 溶液の［イ］ f を決定する．この操作は［ウ］と呼ばれる．NaOH 溶液の正確な濃度は，［エ］である．ここでは，［ア］の標準液として 0.1 M フタル酸水素カリウム溶液（$f = 0.9998$）を用いた．

(1)　空欄［ア］～［エ］に入る適切な語句または式を答えよ．

(2)　フタル酸水素カリウム溶液 20.00 mL をビーカーに量り取るときに適切なガラス器具は何か？　また，NaOH 溶液を滴下するときに適切なガラス器具は何か？

(3)　フタル酸の酸解離定数は，$K_{a1} = 1.12 \times 10^{-3}$, $K_{a2} = 3.90 \times 10^{-6}$ である．この滴定の終点における pH を求めよ．$K_w = 1.00 \times 10^{-14}$ とする．

(4)　この滴定に適切な酸塩基指示薬を挙げよ．

(5)　フタル酸水素カリウム溶液 20.00 mL の滴定に 0.1 M NaOH 溶液 19.53 mL を要した．NaOH 溶液の f を求めよ．

解答　(1)　ア，酸；　イ，ファクター；　ウ，標定；　エ，$0.1 \times f$

(2)　ホールピペット；　ビュレット

(3)　終点では 0.05 M フタル酸ナトリウムカリウムの溶液とみなせるので，

$$\mathrm{pOH} = \frac{1}{2} \times \left\{14 - \log(3.90 \times 10^{-6}) - \log 0.05\right\} = 4.95$$

$$\therefore \quad \mathrm{pH} = 9.05$$

(4)　フェノールフタレイン

(5)　$f = \dfrac{0.1\ \mathrm{M} \times 0.9998 \times 20.00\ \mathrm{mL}}{0.1\ \mathrm{M} \times 19.53\ \mathrm{mL}} = 1.024$

問　題

2.5　図 **2.2** の曲線 1 は 1.0×10^{-1} M 酢酸 100 mL を 1.0×10^{-1} M NaOH で滴定した場合，曲線 2 は 1.0×10^{-2} M 酢酸 100 mL を 1.0×10^{-2} M NaOH で滴定した場合，曲線 3 は 1.0×10^{-3} M 酢酸 100 mL を 1.0×10^{-3} M NaOH で滴定した場合の滴定曲線である．ただし，酢酸は次式のように酸解離する．

$$\mathrm{CH_3CO_2H} \rightleftharpoons \mathrm{H^+ + CH_3CO_2{}^-} \qquad \mathrm{p}K_\mathrm{a} = 4.75$$

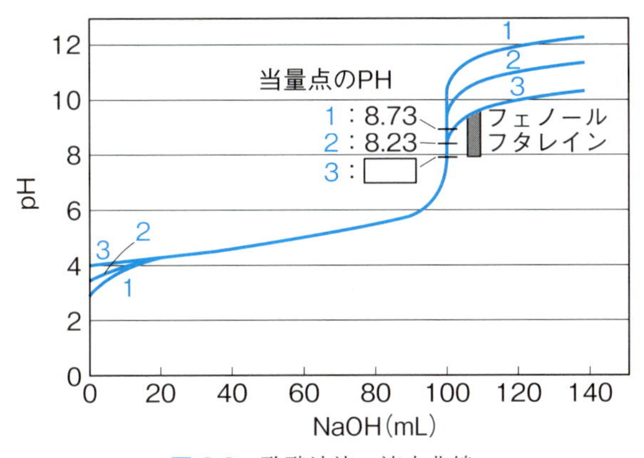

図 **2.2**　酢酸溶液の滴定曲線

(1)　滴定開始前の pH は曲線により異なる．曲線 3 の値を計算せよ．

(2)　NaOH 溶液を 50 mL 滴下した半当量点における pH は，三つの曲線で同じである．その値を求めよ．

(3)　当量点における pH は曲線により異なる．曲線 3 の値を計算せよ．

(4)　図中の灰色の長方形は，フェノールフタレインの変色 pH 領域を示している．曲線 3 の滴定にこの指示薬を用いることは適当か否か，理由をつけて答えよ．

2.6　1 分子にカルボキシ基を一つもつ有機酸 0.1371 g を水で約 15 mL に希釈し，例題 3 の 0.1 M NaOH 溶液で滴定した．終点までに 15.23 mL を要し，終点溶液の pH は 7.59 であった．

(1)　この滴定に適切な酸塩基指示薬を挙げよ．

(2)　この有機酸の分子量を求めよ．

(3)　この有機酸の pK_a を求めよ．

(4)　この有機酸は，プロパン酸，プロペン酸，ピルビン酸のいずれか？

2.7 チオグリコール酸（$HSCH_2CO_2H$）は以下のように酸解離する．

$$HSCH_2CO_2H \rightleftharpoons H^+ + HSCH_2CO_2^- \qquad pK_{a1} = 3.48$$

$$HSCH_2CO_2^- \rightleftharpoons H^+ + {}^-SCH_2CO_2^- \qquad pK_{a2} = 10.11$$

0.50 M チオグリコール酸二ナトリウム溶液 20.0 mL を 0.50 M HCl で滴定した．滴定前の pH は 11.90 であった．

(1) 0.50 M HCl の滴下量が以下の場合について，溶液の pH を求めよ．

（ア） 20.0 mL

（イ） 40.0 mL

(2) この滴定曲線の概形を描け．第一当量点，第二当量点，および pK_{a1} と pK_{a2} の位置を示すこと．

3　錯生成反応とキレート滴定

3.1　ルイスの酸塩基理論

- ルイスの酸塩基理論（Lewis acid-base theory）では，酸は電子対受容体，塩基は電子対供与体．
- 金属イオンはルイス酸，**配位子**（ligand）はルイス塩基．
  - ◇ アクア錯体：水分子が金属イオンに配位．

3.2　生成定数

- **逐次生成定数**（stepwise formation constant）K_i と**全生成定数**（overall formation constant）β

$$\beta = K_1 \times K_2 \times \cdots \times K_n$$

- 各化学種の分率 α_i は配位子濃度に依存する．

3.3　錯体の安定度を支配する要因

- 金属イオンの電荷/イオン半径比
  - ◇ 比が低いイオンはアクア錯体をつくる．比が高いイオンは加水分解やオキソ酸の生成を起こす．
- **アービング–ウイリアムスの系列**（Irving–Williams series）
  - ◇ 同じ配位子との生成定数は

$$\mathrm{Mn^{2+} < Fe^{2+} < Co^{2+} < Ni^{2+} < Cu^{2+} > Zn^{2+}}$$

の順となる（図 **3.1**）．

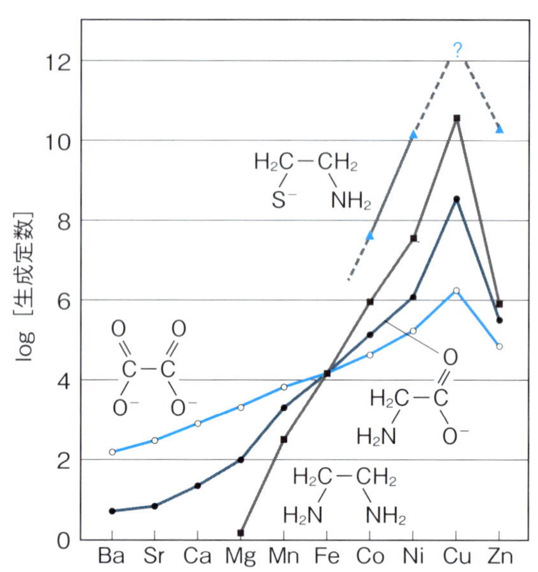

図 **3.1**　アービング–ウイリアムスの系列
縦軸は相対値．Fe 錯体の生成定数を同じ値に揃えて示した．
（H. Siegel and D.B. McCormick, *Acc. Chem. Res.*, **3**, 201 (1970)）

- **硬い–軟らかい酸と塩基**（hard and soft acids and bases: **HSAB**）（表 **3.1**）
  - ◇硬い酸の錯体の生成定数：

$$F^- > Cl^- > Br^- > I^- ;\quad O > S ;\quad N > P$$

  - ◇軟らかい酸の錯体の生成定数：

$$F^- < Cl^- < Br^- < I^- ;\quad O < S ;\quad N < P$$

- **キレート効果**（chelate effect）
  - ◇**キレート配位子**（chelating ligand）：金属イオンをはさむように配位する多座配位子．
  - ◇キレート錯体は単座配位子の錯体より安定．配位子の構造が大きく歪まないことが重要．
- **巨大環効果**（macrocyclic effect）
  - ◇**巨大環配位子**（macrocyclic ligand）は，同種の鎖状配位子より安定な錯体をつくる．事前組織化．

表 3.1　硬い–軟らかい酸と塩基の分類

分類	化学種
硬い酸	H^+，Li^+，Na^+，K^+ (Rb^+，Cs^+) Be^{2+}，$Be(CH_3)_2$，Mg^{2+}，Ca^{2+}，Sr^{2+} (Ba^{2+}) Sc^{3+}，La^{3+}，Ce^{4+}，Gd^{3+}，Lu^{3+}，Th^{4+}，U^{4+}，$UO_2{}^{2+}$，Pu^{4+} Ti^{4+}，Zr^{4+}，Hf^{4+}，VO^{2+}，Cr^{3+}，Cr^{6+}，MoO^{3+}，WO^{4+}，Mn^{2+}，Mn^{7+}，Fe^{3+}，Co^{3+} BF_3，BCl_3，$B(OR)_3$，Al^{3+}，$Al(CH_3)_3$，$AlCl_3$，AlH_3，Ga^{3+}，In^{3+} CO_2，RCO^+，NC^+，Si^{4+}，Sn^{4+}，CH_3Sn^{3+}，$(CH_3)_2Sn^{2+}$ N^{3+}，$RPO_2{}^+$，$ROPO_2{}^+$，As^{3+} SO_3，$RSO_2{}^+$，$ROSO_2{}^+$ Cl^{3+}，Cl^{7+}，I^{5+}，I^{7+} HX（水素結合する分子）
中間の酸	Fe^{2+}，Co^{2+}，Ni^{2+}，Cu^{2+}，Zn^{2+} Rh^{3+}，Ir^{3+}，Ru^{3+}，Os^{2+} $B(CH_3)_3$，GaH_3 R_3C^+，$C_6H_5{}^+$，Sn^{2+}，Pb^{2+} NO^+，Sb^{3+}，Bi^{3+} SO_2
軟らかい酸	$Co(CN)_5{}^{3-}$，Pd^{2+}，Pt^{2+}，Pt^{4+} Cu^+，Ag^+，Au^+，Cd^{2+}，Hg^+，Hg^{2+}，CH_3Hg^+ BH_3，$Ga(CH_3)_3$，$GaCl_3$，$GaBr_3$，GaI_3，Tl^+，$Tl(CH_3)_3$ CH_2，カルベン類 π-受容体：トリニトロベンゼン，クロロアニル，キノン，テトラシアノエチレンなど HO^+，RO^+，RS^+，RSe^+，Te^{4+}，RTe^+ Br_2，Br^+，I_2，I^+，ICN など O，Cl，Br，I，N，RO·，RO_2· M^0（金属原子）および金属塊
硬い塩基	NH_3，RNH_2，N_2H_4 H_2O，OH^-，O^{2-}，ROH，RO^-，R_2O CH_3COO^-，$CO_3{}^{2-}$，$NO_3{}^-$，$PO_4{}^{3-}$，$SO_3{}^{2-}$，$ClO_4{}^-$ F^- (Cl^-)
中間の塩基	$C_6H_5NH_2$，C_5H_5N，$N_3{}^-$，N_2 $NO_2{}^-$，$SO_3{}^{2-}$ Br^-
軟らかい塩基	H^- R^-，C_2H_4，C_6H_6，CN^-，RNC，CO SCN^-，R_3P，$(RO)_3P$，R_3As R_2S，RSH，RS^-，$S_2O_3{}^{2-}$ I^-

例題 1

次の水溶液内反応を考えよう．

$$Ni(NH_3)_6{}^{2+} + 3en \rightleftharpoons Ni(en)_3{}^{2+} + 6NH_3$$

ここで en はエチレンジアミンである．この反応の平衡定数は $K = 5.0 \times 10^9$ である．また，標準反応エンタルピーは $\Delta H^\circ = -12\ \mathrm{kJ/mol}$，標準反応エントロピーは $-T\Delta S^\circ = -55\ \mathrm{kJ/mol}$ である．

(1) エチレンジアミンは二つの窒素原子ではさみ込むように一つの金属イオンに配位する．このような配位子を一般に何と呼ぶか？

(2) 平衡定数は $Ni(NH_3)_6{}^{2+}$ 錯体に比べて $Ni(en)_3{}^{2+}$ 錯体が安定であることを示す．この効果を何と呼ぶか？

(3) 標準反応エンタルピーが負となる理由を説明せよ．

(4) 標準反応エントロピーが負となる理由を説明せよ．

解答

(1) キレート配位子

(2) キレート効果

(3) エチレンジアミンの窒素原子はメチル基の電子供与により強い配位結合をつくるため．

(4) 左辺の反応系では自由な分子は4個，右辺の生成系では自由な分子は7個である．自由な分子が多いほどエントロピーは大きくなるため．

問　題

3.1 以下に挙げる配位子と金属イオンの水溶液中での錯生成反応について，例にならって金属イオンを生成定数の大きい順に示せ．

例：$Al^{3+} > Ga^{3+} > In^{3+}$

(1) エチレンジアミン四酢酸（EDTA）: Mg^{2+}, Ca^{2+}, Sr^{2+}

(2) エチレンジアミン：Ni^{2+}, Cu^{2+}, Zn^{2+}

(3) 18-クラウン-6 : Li^+, Na^+, K^+

3.2 2,2′-ビピリジンは，水溶液中で Fe^{2+} とは ML_3 キレートを，Cu^+ とは ML_2 キレートを生成し，赤～橙黄色に呈色する．ここで M は金属原子を，L は配位子を表す．一方，6,6′-ジメチル-2,2′-ビピリジンは Cu^+ とは ML_2 キレートを生成するが，Fe^{2+} とは ML_3 キレートを生成しない．配位子と錯体の構造に基づいて，この理由を説明せよ．

3.4 キレート滴定

- **エチレンジアミン四酢酸**（ethylenediaminetetraacetic acid: **EDTA**）
  - ◇滴定剤に最もよく用いられるキレート試薬．
  - ◇EDTA の解離形は Y^{4-} と表される．この分子の四つの O^- と二つの N が金属イオン M^{n+} に配位する．これら六つの原子は金属イオンの八面体型配位位置を占めることができ，溶存錯体 MY^{n-4} はきわめて安定となる．
- 滴定反応式は，次式で表される．

$$M^{n+} + Y^{4-} \longrightarrow MY^{n-4}$$

  - ◇この反応が定量的に進むかどうかは，金属イオンの種類と pH に依存する．よってキレート滴定では適切な条件設定が重要である．
  - ◇この錯生成反応は平衡反応であり，ある pH における生成定数は，**条件付き生成定数**（conditional formation constant）K' で表される．
  - ◇0.01 M EDTA 溶液を滴定剤とするとき，$\log K' \geq 8$ である金属イオンは有効数字 4 桁で定量できる（**図 3.2**）．このとき，$\log K' \leq -1$ である金属イオンは，共存しても滴定に影響しない．$-1 < \log K' < 8$ である金属イオンが多量に存在する試料には，キレート滴定は無意味である．

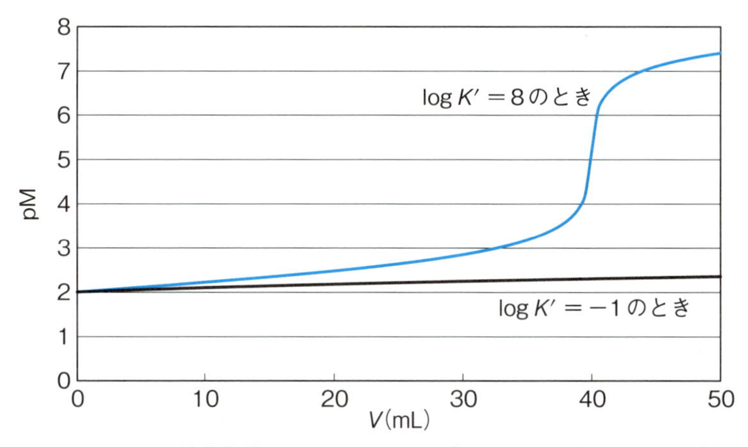

図 3.2　キレート滴定曲線．$pM = -\log[M^{n+}]$．0.01 M 金属イオンを含む試料溶液 40 mL を 0.01 M EDTA 溶液で滴定．

例題 2

金属イオン M^{n+} と EDTA イオン Y^{4-} とのキレート生成反応の生成定数は，次式で表される．

$$K = \frac{[MY^{n-4}]}{[M^{n+}]\,[Y^{4-}]}$$

この式を変形すると，

$$\frac{[MY^{n-4}]}{[M^{n+}]} = K[Y^{4-}]$$

有効数字 4 桁のキレート滴定を実現するためには，当量点におけるキレートとフリーの金属イオンの濃度比 $\frac{[MY^{n-4}]}{[M^{n+}]}$ が 10^3 より大きいことが必要である．この比は，$[Y^{4-}]$ に依存する．実験では錯生成していない EDTA の全濃度 C' はわかるが，$[Y^{4-}]$ はわからない．そこで次のような工夫をする．生成定数の式に

$$[Y^{4-}] = \alpha_4 C'$$

を代入して，

$$K' = \alpha_4 K = \frac{[MY^{n-4}]}{[M^{n+}]C'}$$

ここで K' を［ア］，α_4 を［イ］と呼ぶ．当量点では

$$[M^{n+}] = \text{［ウ］}$$

と近似できるので，$[MY^{n-4}] = 0.01$ M の場合，

$$\frac{[MY^{n-4}]}{[M^{n+}]} > 10^3$$

が成り立つためには，

$$[M^{n+}] = \text{［ウ］} < 10^{-5}$$

よって，$K' > 10^8$ でなければならない．

(1)　空欄［ア］〜［ウ］に入る適切な語句または記号を答えよ．

(2)　EDTA の酸解離定数を用いて，α_4 を水素イオン濃度 $[H^+]$ の関数として表せ．

(3)　Fe^{2+} と Fe^{3+} の EDTA キレート生成定数は，それぞれ $\log K = 14.3$ と $\log K = 25.1$ である．図 3.3 を用いて，それぞれのイオンについて，上記の条件で定量的滴定が可能となる pH 範囲を答えよ．

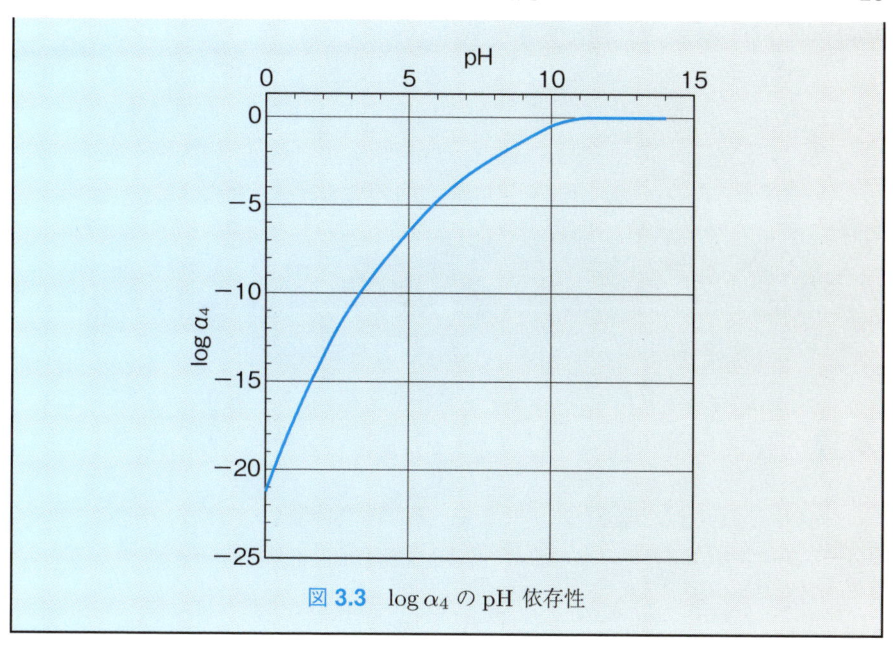

図 3.3　$\log \alpha_4$ の pH 依存性

解答

(1)　ア，条件付き生成定数；

イ，分率；

ウ，C'

(2)

$$\alpha_4 = \frac{K_{a1}K_{a2}K_{a3}K_{a4}}{[H^+]^4 + K_{a1}[H^+]^3 + K_{a1}K_{a2}[H^+]^2 + K_{a1}K_{a2}K_{a3}[H^+] + K_{a1}K_{a2}K_{a3}K_{a4}}$$

(3)

$$\log K' = \log \alpha_4 + \log K$$

したがって $\log K' > 8$ となるためには，

Fe^{2+} では $\log \alpha_4 > -6.3$．よって図 3.3 より pH > 5.1．

Fe^{3+} では $\log \alpha_4 > -17.1$．よって pH > 1.0．

問　題

3.3 EDTAは一つの金属イオンと最大6個の配位結合をつくり安定な水溶性錯体を生成する．配位原子は三級アミン基の2個のNとカルボキシ基の4個のO^-であり，［ア］個の［イ］員キレート環をつくる．分析化学では，金属イオンを定量するための［ウ］剤および金属イオンの干渉を防ぐための［エ］剤などとしてよく用いられる．EDTAはさまざまな産業にも利用されている．EDTAは環境水中で分解されにくいため，その影響が懸念されている．例えば，高濃度のEDTAは生物による必須金属イオンZn^{2+}の取り込みを阻害する恐れがある．

(1)　空欄［ア］～［エ］に入る適切な数字または語句を答えよ．

(2)　海水のpH 8.0において$\alpha_4 = 5.4 \times 10^{-3}$，$ZnY^{2-}$錯体の生成定数は$K = 3.2 \times 10^{16}$である．$[ZnY^{2-}] = [Zn^{2+}]$となるのは錯生成していないEDTAの全濃度$C'$がいくらのときか？

(3)　ZnY^{2-}は八面体型錯体である．この錯体の構造を立体的に描け．

3.4 銅イオンおよびカドミウムイオンとEDTAとの錯生成定数は以下のようである．

$$K = \frac{[CuY^{2-}]}{[Cu^{2+}]\,[Y^{4-}]} = 6.3 \times 10^{18}$$

$$K = \frac{[CdY^{2-}]}{[Cd^{2+}]\,[Y^{4-}]} = 3.2 \times 10^{16}$$

(1)　銅イオンとカドミウムイオンのそれぞれについて，pH 3.0における条件付き生成定数

$$K' = \alpha_4 K = \frac{[MY^{n-4}]}{[M^{n+}]C'}$$

の値を求めよ．ここでC'は錯生成していないEDTAの全濃度である．

(2)　0.010 M $Cu(NO_3)_2$溶液50 mLおよび0.010 M $Cd(NO_3)_2$溶液50 mLをそれぞれpH 3.0において0.010 M EDTA標準液で滴定する．終点において溶液に残っているCu^{2+}とCd^{2+}の濃度をそれぞれ求めよ．

(3)　(2)の結果から銅イオンとカドミウムイオンのそれぞれについて，pH 3.0におけるEDTA滴定が有効数字4桁で可能であるか否かを判断せよ．

4　沈殿反応と重量分析 および沈殿滴定

4.1　溶解度積

- 塩 M_pX_q の溶解平衡と**溶解度積**（solubility product）は，次式で表される．

$$M_pX_q(s) \rightleftharpoons pM^{m+} + qX^{n-}$$
$$K_{sp} = [M^{m+}]^p\,[X^{n-}]^q$$

ここで (s) は固体を表す．K_{sp} はモル濃度溶解度積であるが，共存イオンが無い場合は熱力学的平衡定数 K°_{sp} と等しいとみなせる．

- **共通イオン効果**（common ion effect）：
難溶性塩を構成する一つのイオンが溶液に過剰に存在すると，残りのイオンの濃度は低くなる．
- 競争反応の影響：
金属イオンの錯生成や陰イオンの酸解離などの影響を評価するには，条件付きモル濃度溶解度積 K'_{sp} を用いる．
- 共存イオン効果：
難溶性塩のイオンと無関係なイオンの影響．これを評価するには，活量係数を考慮する．

4.2　イオン積による沈殿生成の予測

- 初濃度 $\{M^{m+}\}$ と $\{X^{n-}\}$ に基づいて**イオン積**（ion product）$\{M^{m+}\}^p\,\{X^{n-}\}^q$ を計算する．

$K_{sp} < \{M^{m+}\}^p\,\{X^{n-}\}^q$ のとき，沈殿が生成する．

$K_{sp} > \{M^{m+}\}^p\,\{X^{n-}\}^q$ のとき，沈殿は生成しない．

例題 1

炭酸の酸解離平衡は，以下のように表される．

$$H_2CO_3 \rightleftharpoons H^+ + HCO_3^- \qquad K_{a1} = \frac{[H^+][HCO_3^-]}{[H_2CO_3]} = 4.3 \times 10^{-7}$$

$$HCO_3^- \rightleftharpoons H^+ + CO_3^{2-} \qquad K_{a2} = \frac{[H^+][CO_3^{2-}]}{[HCO_3^-]} = 4.8 \times 10^{-11}$$

炭酸の［　ア　］を C とおくと，

$$C = [H_2CO_3] + [HCO_3^-] + [CO_3^{2-}]$$

炭酸化学種の［　イ　］は以下のように定義できる．

$$\alpha_0 = \frac{[H_2CO_3]}{C}, \quad \alpha_1 = \frac{[HCO_3^-]}{C}, \quad \alpha_2 = \frac{[CO_3^{2-}]}{C}$$

以上の式を用いて α_2 を K_{a1}, K_{a2}, $[H^+]$ で表すと，$\alpha_2 =$ ［　ウ　］ が得られる．

次に炭酸カルシウム $CaCO_3$ のモル溶解度 s mol/L を考えよう．溶解平衡と溶解度積は次のように表される．

$$CaCO_3(s) \rightleftharpoons Ca^{2+} + CO_3^{2-}$$

$$K_{sp} = [Ca^{2+}][CO_3^{2-}] = 8.7 \times 10^{-9}$$

溶解度積の式に $[CO_3^{2-}] = \alpha_2 C$ を代入して整理すると，

$$K'_{sp} = [Ca^{2+}]C = \frac{K_{sp}}{\alpha_2}$$

K'_{sp} を［　エ　］と呼ぶ．①水に炭酸カルシウムを加えた過飽和溶液では，

$$s = [Ca^{2+}] = C$$

が成り立つので，$s = \sqrt{K'_{sp}}$ が得られる．

(1)　空欄［　ア　］，［　イ　］，［　エ　］に入る適切な語句を答えよ．

(2)　空欄［　ウ　］に入る適切な式を記せ．

(3)　$\alpha_0, \alpha_1, \alpha_2$ を pH に対してプロットしたグラフにおいて，$\alpha_0 = \alpha_1$ となる点および $\alpha_1 = \alpha_2$ となる点の pH をそれぞれ求めよ．

(4)　下線①の溶液について，pH = 13.00 および pH = 7.00 における炭酸カルシウムのモル溶解度をそれぞれ求めよ．空気中の二酸化炭素の溶解や共存イオンの影響は無視できるとする．

解答　(1)　ア，全濃度；　イ，分率；　エ，条件付き溶解度積

(2)

$$\frac{K_{a1}K_{a2}}{[H^+]^2 + K_{a1}[H^+] + K_{a1}K_{a2}}$$

(3)　$\alpha_0 = \alpha_1$ では

$$pH = -\log K_{a1} = 6.37$$

$\alpha_1 = \alpha_2$ では

$$pH = -\log K_{a2} = 10.32$$

(4)　pH = 13.00 では

$$\alpha_2 = 0.998, \quad K'_{sp} = 8.7 \times 10^{-9} \qquad \therefore\ s = 9.3 \times 10^{-5}\ \mathrm{mol/L}$$

pH = 7.00 では

$$\alpha_2 = 3.9 \times 10^{-4}, \quad K'_{sp} = 2.2 \times 10^{-5} \qquad \therefore\ s = 4.7 \times 10^{-3}\ \mathrm{mol/L}$$

問　題

4.1　塩化水銀 (I) Hg_2Cl_2 の溶解反応と溶解度積は次式で表される．

$$Hg_2Cl_2 \rightleftharpoons {Hg_2}^{2+} + 2Cl^-$$

$$K_{sp} = [{Hg_2}^{2+}]\,[Cl^-]^2 = 1.2 \times 10^{-18}$$

Hg_2Cl_2 のモル溶解度は ${Hg_2}^{2+}$ の平衡濃度と等しいと仮定する．以下の問に答えよ．

(1)　純水に過飽和量の Hg_2Cl_2 を加えたときの Hg_2Cl_2 のモル溶解度を求めよ．

(2)　3.0×10^{-5} M KCl 溶液中での Hg_2Cl_2 のモル溶解度を求めよ．

(3)　(2) においてモル溶解度を低くする効果は何と呼ばれるか？

(4)　3.0×10^{-2} M $NaNO_3$ 溶液中での Hg_2Cl_2 のモル溶解度を求めよ．この溶液中でのイオンの活量係数は，$f({Hg_2}^{2+}) = 0.52$, $f(Cl^-) = 0.84$ である．

(5)　(4) においてモル溶解度を高くする効果は何と呼ばれるか？

4.2 鉛イオン，ヨウ化物イオン，および固体のヨウ化鉛が存在する溶液における平衡反応とその平衡定数は以下のようである．

$$PbI_2(s) \rightleftharpoons Pb^{2+} + 2I^- \qquad K_{sp} = [Pb^{2+}]\,[I^-]^2 = 7.9 \times 10^{-9}$$

$$Pb^{2+} + I^- \rightleftharpoons PbI^+ \qquad \beta_1 = \frac{[PbI^+]}{[Pb^{2+}]\,[I^-]} = 1.0 \times 10^2$$

$$Pb^{2+} + 2I^- \rightleftharpoons PbI_2 \qquad \beta_2 = \frac{[PbI_2]}{[Pb^{2+}]\,[I^-]^2} = 1.4 \times 10^3$$

$$Pb^{2+} + 3I^- \rightleftharpoons PbI_3{}^- \qquad \beta_3 = \frac{[PbI_3{}^-]}{[Pb^{2+}]\,[I^-]^3} = 8.3 \times 10^3$$

$$Pb^{2+} + 4I^- \rightleftharpoons PbI_4{}^{2-} \qquad \beta_4 = \frac{[PbI_4{}^{2-}]}{[Pb^{2+}]\,[I^-]^4} = 3.0 \times 10^4$$

ここで，(s) は固体を表す．その他はすべて溶存化学種である．

(1)　溶存鉛の全濃度を C とおく．

$$C = [Pb^{2+}] + [PbI^+] + [PbI_2] + [PbI_3{}^-] + [PbI_4{}^{2-}]$$

Pb^{2+} の分率 $\alpha_0 = \dfrac{[Pb^{2+}]}{C}$ を $[I^-]$ の関数として表す式を導け．

(2)　水に固体のヨウ化鉛だけを加えるとき，鉛ヨウ化物錯体の生成は無視できると仮定すると，ヨウ化物イオンの平衡濃度 $[I^-]$ はいくらか？

(3)　現実には (2) の条件でもヨウ化物イオンの生成は無視できない．(2) の $[I^-]$ における α_0 の値を求めよ．この結果は，ヨウ化鉛の溶解反応にどのような影響をおよぼすか？

(4)　水に固体のヨウ化鉛とヨウ化ナトリウムを加えると，C は $[I^-] = 1.0 \times 10^{-1}$ M くらいで最小となる．このときの C の値を求めよ．

4.3 重量分析

- **重量分析**（gravimetric analysis）では目的成分を一定組成の純物質として分離し，その質量を測定して目的成分を定量する．
  - ◇標準物質を必要としない絶対定量法
  - ◇沈殿形とひょう量形
- 沈殿の生成
  - ◇**過飽和**（supersaturation）が必要．
  - ◇過飽和度が大きいと，核生成速度が大きくなり，小さい結晶粒子が多数出現する．その場合，表面積/体積比 が高いので，不純物が吸着しやすい．
- **沈殿の熟成**（digestion）
  - ◇沈殿を生成溶液中に放置すると，時間につれて小さい結晶がなくなり，大きい結晶が成長する．
  - ◇熟成により結晶の表面積および格子欠陥が減少する．吸着あるいは吸蔵されていた不純物が放出される．その結果，純度が高く，大きくてろ過しやすい沈殿が得られる．
  - ◇**コロイド粒子**（colloidal particle）：直径 1～500 nm の微粒子．比表面積が大きく，吸着を起こしやすい．
    - (a) **凝集**（coagulation）：コロイド粒子が集まって，より大きな粒子を形成する．電解質の添加，加熱，かくはんなどによって促進される．
    - (b) **ペプチゼーション**（peptisation）：ろ過した沈殿粒子を水で洗浄すると，沈殿が部分的にコロイド状態に戻る．
- **共沈**（coprecipitation）：ある物質を沈殿させるとき，単独であれば沈殿しない他の物質が同時に沈殿する現象．
  - ◇表面への**吸着**（adsorption）と結晶内部への**吸蔵**（occlusion）．
  - ◇イオン結晶では，結晶の格子イオンと難溶性の塩をつくるイオンほど吸着されやすい．
  - ◇含水酸化物では，表面錯生成が起こる．
- **均一沈殿法**（homogeneous precipitation）：溶液中で沈殿剤を生成する．
  - ◇局所的な著しい過飽和を抑えられる．

例題 2

重量分析は，目的成分を一定組成の純物質として分離し，その［ア］を測定して目的成分を定量する方法である．これは［イ］を必要としない絶対定量法である．重量分析において，沈殿として生成する物質を沈殿形と呼ぶ．沈殿形は，純粋で，定量的に生成し，ろ過しやすいことが望ましい．ひょう量に用いる物質を①ひょう量形と呼ぶ．ひょう量形は，沈殿形を乾燥あるいは強熱することにより得られる．

沈殿は過飽和の溶液から生成する．難溶性塩の過飽和条件は，イオン積が［ウ］より大きいことである．最初に，小さい結晶粒子が析出する核生成が起こる．②過飽和度が大きいと，核生成速度が大きくなり，小さい結晶粒子が多数出現する．

沈殿を生成溶液中に放置すると，小さい結晶がなくなり，大きい結晶が成長する．この過程を③熟成と呼ぶ．多くの沈殿は，最初は直径 1～500 nm くらいのコロイド粒子である．表面の第一層と第二層が電気的中性になると，コロイド粒子は集まって大きな粒子を形成する．この過程を［エ］と呼ぶ．

［オ］は，ある物質を沈殿させるとき，単独であれば沈殿しない他の物質が同時に沈殿する現象である．これは沈殿に不純物が混入する主な原因である．その機構は，表面への吸着と結晶内部への吸蔵に大別できる．④イオン結晶の沈殿では，イオンは結晶表面の格子位置に吸着する．含水酸化物の沈殿では，表面に活性な［カ］が存在し，イオンは表面錯生成によって吸着する．

(1)　空欄［ア］～［カ］に入る適切な語句を記せ．

(2)　下線①のひょう量形に望まれる性質を三つ記せ．

(3)　下線②の条件では不純物の吸着が起こりやすい．その理由を簡潔に述べよ．

(4)　下線③の過程では，時間につれて結晶の純度が高くなることが期待される．その理由を簡潔に述べよ．

(5)　下線④に関して，AgCl 沈殿には IO_3^- よりも I^- が多く吸着し，$BaSO_4$ 沈殿には Ca^{2+} よりも Pb^{2+} が多く吸着するのが観察された．文献によれば，

$$K_{sp}(AgIO_3) = 3.1 \times 10^{-8}, \quad K_{sp}(AgI) = 8.3 \times 10^{-17},$$

$$K_{sp}(CaSO_4) = 2.5 \times 10^{-5}, \quad K_{sp}(PbSO_4) = 6.3 \times 10^{-7}$$

である．イオン結晶へのイオンの吸着について，以上の結果を普遍化して導かれる作業仮説を述べよ．

解答 (1) ア，重量； イ，標準物質； ウ，溶解度積；
エ，凝集； オ，共沈； カ，ヒドロキシ基
(2) 組成が一定．安定である．式量が大きい．
(3) 沈殿の質量あたりの表面積が大きいから．
(4) 不純物は小さな沈殿の溶解により放出され，比表面積が小さく格子欠陥が少ない結晶には吸着・吸蔵されにくくなるから．
(5) 格子イオンと溶解度積の小さい沈殿を生成するイオンが吸着されやすい．

問題

4.3 水酸化鉄表面での反応を考えよう．表面の活性なヒドロキシ基は，≡FeOH のように表せる．ここで ≡ は，Fe 原子が結晶中の原子と結合していることを表す．

(1) 水酸化鉄表面の電荷は溶液の pH によってどのように変化するか？

(2) セシウムイオン Cs^+ の水酸化鉄への吸着は pH にどのように依存すると考えられるか？

(3) 遷移金属イオン M^{2+} の水酸化鉄への吸着は表面錯生成で表される．アルカリ性領域での反応式を記せ．

(4) (3) の反応は，次式の水酸化物錯体の生成反応とよく似ている．

$$M^{2+} + OH^- \rightleftharpoons MOH^+$$

この反応の生成定数は，

$$K_1 = \frac{[MOH^+]}{[M^{2+}]\,[OH^-]}$$

である．Cd^{2+} では $\log K_1 = 3.9$，Zn^{2+} では $\log K_1 = 5.0$ である．水酸化鉄へより多く吸着するのはどちらのイオンと考えられるか？

例題 3

硫酸バリウムの溶解平衡と溶解度積は次式で表される．

$$BaSO_4(s) \rightleftharpoons Ba^{2+} + SO_4{}^{2-}$$

$$K_{sp} = [Ba^{2+}]\,[SO_4{}^{2-}] = 1.3 \times 10^{-10}$$

例えば，0.0050 mol $SO_4{}^{2-}$ を含む試料水 200 mL 中の硫酸イオンを定量するとき，0.25 M $BaCl_2$ 溶液 22 mL を加えて硫酸バリウムを沈殿させる．沈殿をろ過して，洗浄し，強熱した後，デシケーター中で室温まで冷却し，ひょう量する．この例では硫酸イオンと当量の 0.25 M $BaCl_2$ 溶液は 20 mL であるが，10 % 過剰に加えるのは，以下の理由による．当量の 20 mL だけを加えた場合，

$$[Ba^{2+}] = [SO_4{}^{2-}]$$

が成り立つので，$[SO_4{}^{2-}]$ = [ア] mol/L となる．22 mL を加えた場合，$[SO_4{}^{2-}]$ = [イ] mol/L となる．すなわち，硫酸イオンがより完全に沈殿し，精密な測定ができる．

この実験の試料溶液は，金属水酸化物や炭酸バリウムなどの沈殿を防ぐために，希塩酸溶液にする．しかし，塩酸濃度が高すぎると，硫酸バリウムの沈殿が減少する．この効果を考えるには，活量係数 f を用いる．この場合，

$$K_{sp} = f_{Ba^{2+}}[Ba^{2+}]f_{SO_4{}^{2-}}[SO_4{}^{2-}] = 1.3 \times 10^{-10}$$

が成り立つ．例えば 0.1 mol/L HCl 溶液では，

$$f_{Ba^{2+}} = 0.45, \quad f_{SO_4{}^{2-}} = 0.35$$

であり，$[Ba^{2+}] = [SO_4{}^{2-}]$ が成り立つとき，$[SO_4{}^{2-}]$ = [ウ] mol/L となる．ただし，簡単のため硫酸イオンの酸解離は無視する．

(1) 空欄 [ア] ～ [ウ] に入る適切な数値を求めよ．

(2) 試料溶液に共存する金属イオンは，未飽和であっても硫酸バリウムとともに沈殿することがある．これを共沈という．次のイオンのうち，硫酸バリウムに共沈しやすいものはどれか？ また，その理由を簡単に述べよ．

$$Mg^{2+}, \quad Ca^{2+}, \quad Cu^{2+}, \quad Hg_2{}^{2+}$$

(3) 硫酸イオンの重量分析では，沈殿形とひょう量形はともに $BaSO_4$ である．鉄イオンの重量分析では，沈殿形は $Fe(OH)_3 \cdot xH_2O$ である．これを 700 ℃ 以上に強熱して得られるひょう量形の化学式を書け．

解答 (1) ア，$\sqrt{1.3 \times 10^{-10}} = 1.1 \times 10^{-5}$ mol/L；

イ，$\dfrac{1.3 \times 10^{-10}}{(0.25 \times 2)/222} = 5.8 \times 10^{-8}$ mol/L；

ウ，$\sqrt{\dfrac{1.3 \times 10^{-10}}{0.45 \times 0.35}} = 2.9 \times 10^{-5}$ mol/L

(2) $Hg_2{}^{2+}$．硫酸塩の溶解度積が最小であるから．

(3) Fe_2O_3

問 題

4.4 鉄とニッケルの重量分析に関して，以下の問に答えよ．

鉄の重量分析の操作は，次のようである．

1. 鉄を含む試料溶液を沸騰するまで加熱し，①濃硝酸を加え，さらに加熱する．
2. アンモニア水を少しずつ加えて②沈殿を生成させる．アンモニア水は，わずかに過剰になるまで加える．
3. ③しばらく加熱を続ける．
4. ろ紙を用いて溶液をろ過する．
5. ろ紙上の沈殿を熱水で洗浄する．
6. 沈殿をろ紙ごとるつぼに移し，乾燥，ろ紙の灰化，強熱（800～900 ℃）を行う．
7. 放冷後，④固体をるつぼごとひょう量する．

ニッケルの重量分析の概要は，次のようである．ニッケルを含む溶液にジメチルグリオキシムのアルコール溶液を加え，アンモニア水でアルカリ性にすると，赤色のニッケルジメチルグリオキシムが沈殿する．この沈殿をろ別し，乾燥してひょう量する．

(1) 下線①は何のために必要か？

(2) 下線②の沈殿と下線④の固体の化学式をそれぞれ記せ．

(3) 下線③の操作を何と呼ぶか？　この操作により期待されることを箇条書きにせよ．

(4) 鉄の重量分析とほぼ同じ操作で定量できる第三周期の元素は何か？

(5) ニッケルジメチルグリオキシムの化学式を記せ．

(6) 鉄の重量分析と比べて，ニッケルの重量分析の利点を三つ挙げよ．

4.4 沈殿滴定

- **沈殿滴定**（precipitation titration）は，化学量論的な沈殿生成に基づく．共沈や吸着が起こりやすい水酸化物や硫化物は用いられない．
- **銀滴定**（argentometry）：硝酸銀溶液を滴定剤とする陰イオンの滴定
  - ◇ 試料に滴定剤を加えると，ただちに沈殿が生成する．沈殿の増加は当量点で終了する．
  - ◇ 縦軸に $\mathrm{pAg} = -\log\,[\mathrm{Ag^+}]$ をとった滴定曲線を図 4.1 に示す．当量点の pAg は塩の溶解度積によって支配される．

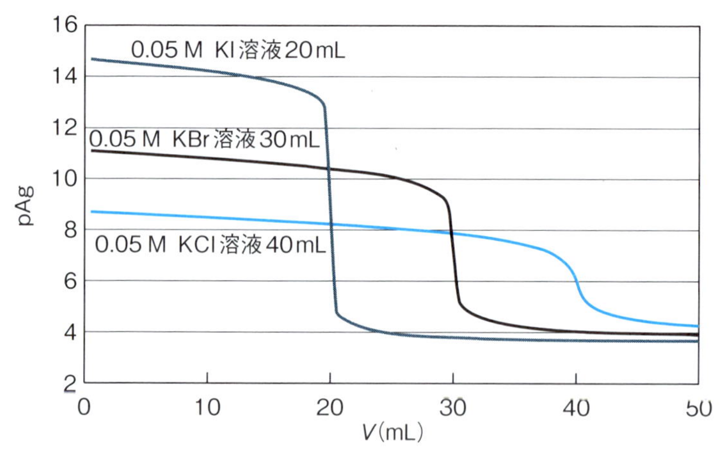

図 4.1　0.05 M $AgNO_3$ 溶液を滴定剤とする沈殿滴定曲線

- 終点の検出
  - ◇ **モール法**（Mohr's method）：指示薬としてクロム酸カリウムを添加．クロム酸は溶液では黄色だが，過剰の Ag^+ と反応して赤色のクロム酸銀 Ag_2CrO_4 を沈殿する．
  - ◇ **フォルハルト法**（Volhard method）：逆滴定の一種．まず，陰イオンに対して過剰かつ既知量の Ag^+ を加える．沈殿生成後，過剰の Ag^+ をチオシアン酸カリウム溶液で滴定．溶液に Fe^{3+} を加えておけば，終点で赤色のチオシアナト鉄錯体 $Fe(SCN)_n{}^{3-n}$ が生成する．
  - ◇ **ファヤンス法**（Fajans' method）：吸着指示薬 HIn を用いる．当量点を過ぎて沈殿表面に過剰の Ag^+ が吸着すると，In^- も吸着し，沈殿を着色する．

例題 4

(1) 0.10 mol/L $AgNO_3$ 溶液を用いて，試料 A および B を滴定するとき，それぞれの最後の当量点におけるハロゲン化物イオンの濃度を求めよ．

試料 A：0.10 mol/L NaCl を含む水溶液

試料 B：0.10 mol/L NaCl と 0.10 mol/L NaBr を含む水溶液

ただし，次の溶解度積を用いること．

$$K_{sp}(AgCl) = [Ag^+][Cl^-] = 1.0 \times 10^{-10}$$

$$K_{sp}(AgBr) = [Ag^+][Br^-] = 4.0 \times 10^{-13}$$

(2) 0.1005 mol/L NaCl 標準液 25.00 mL を用いて，0.1 mol/L $AgNO_3$ 溶液を標定した．当量点での滴下量は 25.23 mL であった．この $AgNO_3$ 溶液のファクターを求めよ．

(3) 不純物が NaBr のみである食塩 0.3054 g を溶かした水溶液 25 mL を調製した．(3) で標定した 0.10 mol/L $AgNO_3$ 溶液を用いてこの水溶液を滴定した．最後の当量点での滴下量は 51.17 mL であった．食塩中の NaBr の重量パーセントを求めよ．

解答 (1) 試料 A：$[Ag^+] = [Cl^-]$ より，

$$[Cl^-] = \sqrt{K_{sp}(AgCl)} = 1.0 \times 10^{-5}\ \text{mol/L}$$

試料 B：$[Ag^+] = [Cl^-] + [Br^-]$ より

$$[Ag^+] = \sqrt{K_{sp}(AgCl) + K_{sp}(AgBr)} = 1.0 \times 10^{-5}$$

$$\therefore\quad [Cl^-] = 1.0 \times 10^{-5}\ \text{mol/L},\quad [Br^-] = 4.0 \times 10^{-8}\ \text{mol/L}$$

(2) $f = \dfrac{0.1005 \times 25.00}{0.1 \times 25.23} = 0.9958$

(3) 食塩 0.3054 g 中に NaCl x g，NaBr y g が含まれるとすると，

$$x + y = 0.3054$$

$$\frac{x}{22.99 + 35.45} + \frac{y}{22.99 + 79.90} = \frac{0.10 \times 0.9958 \times 51.17}{1000}$$

$$\therefore\quad x = 0.2878\ \text{g},\quad y = 0.0176\ \text{g}$$

NaBr の重量パーセントは 5.77 %.

問　題

4.5 フォルハルト法による陰イオンの滴定を考えよう．まず，陰イオンに対して過剰かつ既知量の銀イオン Ag^+ を加える．沈殿生成後，溶液に残った過剰の Ag^+ をチオシアン酸カリウム KSCN 標準液で滴定する．滴定反応は次式で表される．

$$Ag^+ + SCN^- \longrightarrow AgSCN(s)$$

ここで (s) は固相の化学種を表す．溶液に Fe^{3+} を加えておけば，過剰の SCN^- が赤色のチオシアナト鉄錯体 $Fe(SCN)_n{}^{3-n}$ を生成するので，終点を検出できる．

(1) このように目的成分に過剰の試薬を加え，残った試薬を滴定して目的成分を定量する方法を一般に何と呼ぶか？　また，この方法はどのような場合に有用であるかを述べよ．

(2) AgSCN の溶解度積は，$K_{sp} = 1.0 \times 10^{-12}$ である．当量点における Ag^+ の濃度を求めよ．ただし，AgSCN の溶解反応以外の競争反応は無視できるとする．

(3) Cl^-, Br^- および I^- の定量において，KSCN 標準液による滴定に先だって，沈殿を除かねばならない場合がある．それは，どのイオンを定量する場合か？　また，その理由を簡単に説明せよ．ただし，AgCl, AgBr, AgI の溶解度積 K_{sp} はそれぞれ 1.0×10^{-10}, 4×10^{-13}, 1×10^{-16} である．

(4) リン酸イオン $PO_4{}^{3-}$ を含む試料 25.00 mL に 0.01 M 硝酸銀 $AgNO_3$ 標準液（$f = 0.9851$）の 25.00 mL を加え，リン酸銀 Ag_3PO_4 を沈殿させた．その後，過剰の Ag^+ を 0.01 M KSCN 標準液（$f = 1.018$）で滴定した．このとき，終点までに 6.37 mL を要した．元の試料中の $PO_4{}^{3-}$ の濃度を求めよ．

4.6 ファヤンス法による陰イオンの滴定を考えよう．pH 7〜8 において銀滴定の指示薬としてフルオレセインを用いる場合，当量点を過ぎると溶液の黄緑色蛍光が消失し，沈殿が赤色になる．この原因を簡潔に説明せよ．

フルオレセイン

5 酸化還元反応と酸化還元滴定

5.1 酸化還元反応

- **酸化還元反応**（redox reaction）は，全反応を二つの**半反応**（half-reaction）に分けて解析する．
- **ガルバニ電池**（galvanic cell）：二つの半反応が別の容器で起こる．
  - ◇ **カソード**（cathode）で還元反応が，**アノード**（anode）で酸化反応が起こる（表 **5.1**）．
  - ◇ 化学反応が自発的に進行し，電気エネルギーを生じる．
  - ◇ ほとんど電流が流れない状態で，二つの半反応の電位差を測定できる．

表 **5.1** 電極の名称

電極の呼び方	アノード	カソード
反応	酸化反応	還元反応
反応の模式図	電極 溶液 Red e^- Ox	電極 溶液 Ox e^- Red
ガルバニ電池での別名	負極	正極
電解槽での別名	正極	負極

- **酸化還元電位**（redox potential）
  - ◇ 半反応は還元反応として表す．
  - ◇ **標準水素電極**（standard hydrogen electrode: **SHE**）を 0 V とする（図 **5.1**）．
  - ◇ 二つの半反応を組み合わせるとき，自発反応ではより酸化還元電位の高い半反応が還元反応となる．

◇標準電池電位

$$E^\circ_{\rm cell} = E^\circ_{\rm cathode} - E^\circ_{\rm anode}$$

から標準反応ギブズエネルギー ΔG° や熱力学的平衡定数 K° を求めることができる．

$$\Delta G^\circ = -nFE^\circ_{\rm cell}$$

$$\log K^\circ = \frac{nE^\circ_{\rm cell}}{0.0592}$$

ここで，n は反応に関与する電子数，F はファラデー定数（96485 C/mol）．

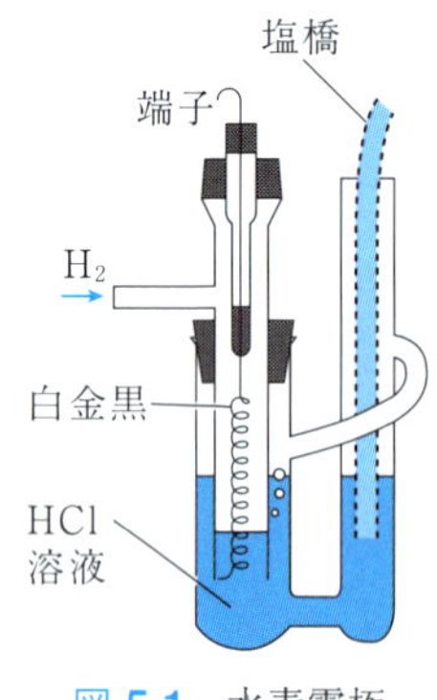

図 **5.1**　水素電極

- **ネルンストの式**（Nernst equation）

◇半反応

$$a\mathrm{Ox} + m\mathrm{H}^+ + n\mathrm{e}^- \rightleftharpoons b\mathrm{Red} + \frac{m}{2}\mathrm{H_2O}$$

において，活量係数が1であるとき，

$$E = E^\circ - \frac{0.0592m}{n}\mathrm{pH} - \frac{0.0592}{n}\log\frac{[\mathrm{Red}]^b}{[\mathrm{Ox}]^a}$$

- **平衡電位**（equilibrium potential）

◇ガルバニ電池で自発反応が進むと，アノードとカソードは等しい電位（平衡電位）に達する．

- **見掛け電位**（formal potential）$E^{\circ\prime}$

◇特定の条件における酸化還元電位．その条件で，ネルンストの式の変数を対象とする酸化還元対の濃度のみとする．

例題 1

あるビーカーに 1.0×10^{-3} mol/L $MnSO_4$，1.0×10^{-2} mol/L $KMnO_4$，および 0.50 mol/L H_2SO_4 を含む水溶液が入っており，別のビーカーには 0.20 mol/L $FeSO_4$，2.0×10^{-3} mol/L $Fe_2(SO_4)_3$，および 0.50 mol/L H_2SO_4 を含む水溶液が入っている．これらの水溶液に白金電極と塩橋を浸し，図 **5.2** のようなガルバニ電池を組み立てた．

それぞれの半電池の半反応式および標準電極電位 E° は，以下のとおりである．

$$\mathrm{MnO_4}^- + 8\mathrm{H}^+ + 5\mathrm{e}^- \rightleftharpoons \mathrm{Mn}^{2+} + 4\mathrm{H_2O} \qquad E^\circ = 1.51\ \mathrm{V}$$

$$\mathrm{Fe}^{3+} + \mathrm{e}^- \rightleftharpoons \mathrm{Fe}^{2+} \qquad E^\circ = 0.771\ \mathrm{V}$$

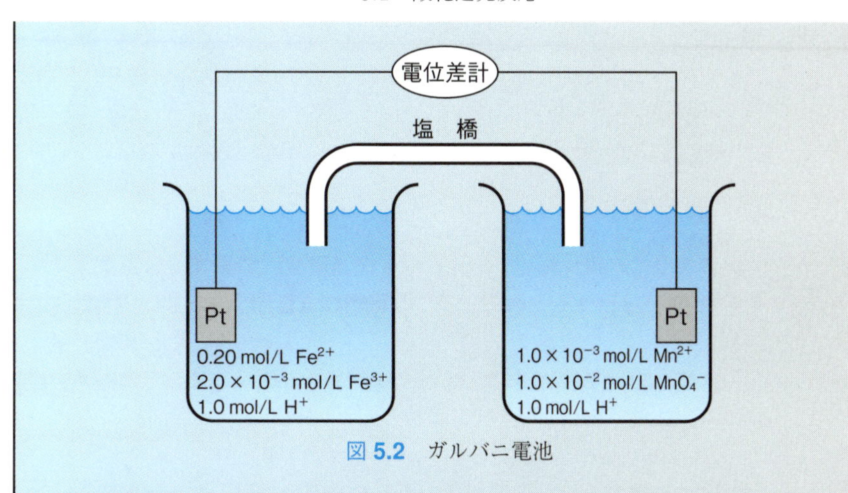

図 5.2　ガルバニ電池

(1)　塩橋として，KCl で飽和させた寒天などが用いられる．その理由を述べよ．キーワードとして，液間電位およびイオン移動度を用いること．

(2)　上記のガルバニ電池で起こる酸化還元反応の全反応式を記せ．

(3)　(2) の酸化還元反応の標準状態での平衡定数を K° とする．$\log K^\circ$ の値を求めよ．

(4)　(2) の自発反応が完全に進行して，平衡に達したときの電極電位（V）を求めよ．なお簡単のため水素イオンの濃度は一定とする．

解答　(1)　塩橋は二つの溶液を電気的に接続する．カリウムイオンと塩化物イオンはイオン移動度がほぼ等しいので，KCl の塩橋は二つの溶液との液間電位が小さい．

(2)

$$MnO_4{}^- + 5Fe^{2+} + 8H^+ \rightleftharpoons Mn^{2+} + Fe^{3+} + 4H_2O$$

(3)　$\log K^\circ = \dfrac{5 \times (E^\circ_{\mathrm{Mn}} - E^\circ_{\mathrm{Fe}})}{0.0592} = 62.4$

(4)　自発反応は $MnO_4{}^-$ が無くなるまで進む．平衡に達したとき左のビーカーでは，

$$[Fe^{2+}] = 0.15\ \mathrm{mol/L}, \quad [Fe^{3+}] = 0.052\ \mathrm{mol/L}$$

となるので，

$$E = 0.77 - 0.0592 \times \log \frac{0.15}{0.052} = 0.74\ \mathrm{V}$$

問 題

5.1 金属 Ni を電極とし溶液に Ni^{2+} を含む半電池 A と，金属 Co を電極とし溶液に Co^{2+} を含む半電池 B を組み合わせてガルバニ電池をつくった．ニッケルとコバルトの半反応と標準酸化還元電位は以下のとおりである．

$$\mathrm{Ni^{2+} + 2e^- \rightleftharpoons Ni} \qquad E^\circ(\mathrm{Ni}) = -0.250\ \mathrm{V}$$

$$\mathrm{Co^{2+} + 2e^- \rightleftharpoons Co} \qquad E^\circ(\mathrm{Co}) = -0.277\ \mathrm{V}$$

(1) 半電池 A の溶液が 2.0×10^{-3} M Ni^{2+} であり，半電池 B の溶液が 5.0×10^{-4} M Co^{2+} であるとき，

（ア） ガルバニ電池の電位差はいくらか？

（イ） 半電池 A および B は，どちらがカソードに，どちらがアノードになるか？

（ウ） このときの自発反応の化学式を記せ．

(2) 半電池 A の溶液が 3.0×10^{-5} M Ni^{2+} であり，半電池 B の溶液が 7.0×10^{-3} M Co^{2+} であるとき，

（ア） ガルバニ電池の電位差はいくらか？

（イ） 半電池 A および B は，どちらがカソードに，どちらがアノードになるか？

（ウ） このときの自発反応の化学式を記せ．

5.2 Fe^{3+} と Sn^{4+} のうち，ヨウ化物イオン I^- で還元されるのはどちらか？ その全反応式と平衡定数を求めよ．以下の半電池反応と標準酸化還元電位を用いること．

$$\mathrm{Fe^{3+} + e^- \rightleftharpoons Fe^{2+}} \qquad E^\circ = 0.771\ \mathrm{V}$$

$$\mathrm{I_2 + 2e^- \rightleftharpoons 2I^-} \qquad E^\circ = 0.620\ \mathrm{V}$$

$$\mathrm{Sn^{4+} + 2e^- \rightleftharpoons Sn^{2+}} \qquad E^\circ = 0.154\ \mathrm{V}$$

5.2 酸化還元滴定

- **酸化還元滴定**（redox titration）では，一般に**還元剤**（reductant）は空気中で不安定であるので，**酸化剤**（oxidant）を滴定剤に用いる．
- セリウム(IV)イオン

$$Ce^{4+} + e^- \rightleftharpoons Ce^{3+} \qquad E^\circ = 1.72\ V$$

滴定剤に Ce^{4+} を用いた滴定曲線を図 **5.3** に示す．

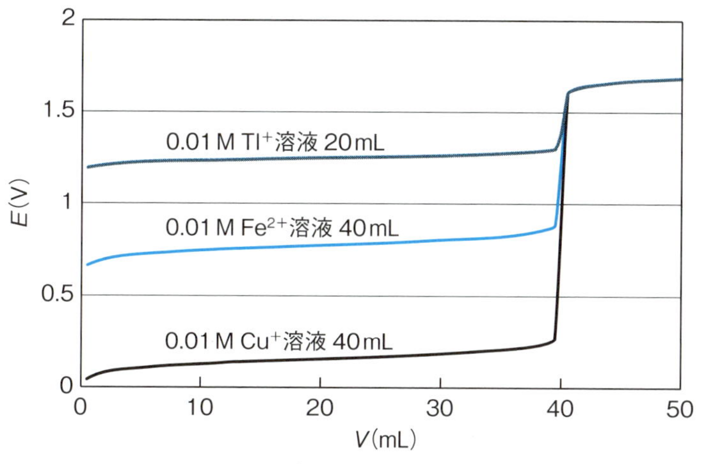

図 **5.3** 0.01 M Ce^{4+} 溶液を滴定剤とする滴定曲線

- 過マンガン酸イオン：MnO_2 が生じないように注意する．

$$MnO_4^- + 8H^+ + 5e^- \rightleftharpoons Mn^{2+} + 4H_2O \qquad E^\circ = 1.51\ V$$

- 二クロム酸イオン

$$Cr_2O_7^{2-} + 14H^+ + 6e^- \rightleftharpoons 2Cr^{3+} + 7H_2O \qquad E^\circ = 1.33\ V$$

- **ヨウ素酸化滴定**（iodimetry）：三ヨウ化物イオン I_3^- を滴定剤とする．

$$I_3^- + 2e^- \rightleftharpoons 3I^- \qquad E^\circ = 0.536\ V$$

- **ヨウ素還元滴定**（iodometry）：目的の酸化物に対して過剰のヨウ化カリウムを加え，生成したヨウ素 I_2 をチオ硫酸ナトリウム $Na_2S_2O_3$ 標準液で滴定する．

$$I_2 + 2S_2O_3^{2-} \longrightarrow 2I^- + S_4O_6^{2-}$$

例題 2

酸化還元滴定の終点決定に色の変化を利用する方法には主に三種類がある．第一は，滴定剤そのものが変色することを利用する．過マンガン酸イオンの半反応と標準酸化還元電位 E° は，

$$\mathrm{MnO_4}^- + 8\mathrm{H}^+ + 5\mathrm{e}^- \rightleftharpoons \mathrm{Mn}^{2+} + 4\mathrm{H_2O} \qquad E^\circ(\mathrm{Mn}) = 1.51\,\mathrm{V}$$

である．よって，$\mathrm{MnO_4}^-$ は，［ア］性において強い［イ］剤である．$\mathrm{KMnO_4}$ 標準液を滴定剤に用いるとき，$\mathrm{MnO_4}^-$ の［ウ］色が現れた点を終点とする．

第二は，［エ］指示薬を用いるヨウ素酸化滴定である．この滴定では，当量点を過ぎて化学種［オ］が過剰になると，［エ］と［オ］の錯体の深青色が現れる．

第三は，酸化還元指示薬を用いる方法である．この指示薬は，弱い還元剤または弱い酸化剤であって，酸化体 Ox と還元体 Red の色が異なる色素である．指示薬の半反応が次式で表されるとする．

$$\mathrm{Ox} + n\mathrm{e}^- \rightleftharpoons \mathrm{Red}$$

この半反応の標準酸化還元電位を E°，酸化体と還元体のモル濃度を [Ox] と [Red]，それらの活量係数は1とすると，酸化還元電位 E は次のネルンストの式で表される．

$$E = \boxed{\text{カ}}$$

ここで R は気体定数，F はファラデー定数，T は絶対温度である．指示薬の E は溶液の主成分による酸化還元電位と等しくなるので，E によって $\dfrac{[\mathrm{Red}]}{[\mathrm{Ox}]}$ 比が決まり，指示薬の色が変化する．［キ］が滴定の当量点の電位に近い指示薬を選べば，色の変化による終点が当量点と一致する．

(1) 空欄［ア］～［キ］に入る適切な語句または式を答えよ．

(2) 第一および第二の方法は，目視で行うとき正確さに限界がある．その理由を簡潔に説明せよ．また，それを補正する方法を述べよ．

(3) 温度 25 °C において 2.00×10^{-3} mol/L Cu^+ 溶液 25.0 mL を 2.00×10^{-3} mol/L Ce^{4+} 溶液で滴定する．銅イオンとセリウムイオンの半反応と標準酸化還元電位は以下のようである．

$$\mathrm{Cu}^{2+} + \mathrm{e}^- \rightleftharpoons \mathrm{Cu}^+ \qquad E^\circ(\mathrm{Cu}) = 0.153\,\mathrm{V}$$

$$\mathrm{Ce}^{4+} + \mathrm{e}^- \rightleftharpoons \mathrm{Ce}^{3+} \qquad E^\circ(\mathrm{Ce}) = 1.72\,\mathrm{V}$$

当量点における溶液の酸化還元電位を求めよ．

(4)　酸化還元指示薬として，ジフェニルアミンスルホン酸（$E^\circ = 0.84$ V．酸化体は紫色，還元体は無色）を用いると，終点付近での色の変化はどのようになるか？　ただし，金属イオンの色は無視できるとする．

解答　(1)　ア，酸；　イ，酸化；　ウ，赤紫；
エ，デンプン；　オ，ヨウ素（I_2）；
カ，$E^\circ - \dfrac{2.303RT}{nF}\log\dfrac{[\mathrm{Red}]}{[\mathrm{Ox}]}$；　キ，$E^\circ$

(2)　終点は必ず当量点を過ぎてから現れる．ブランク溶液を滴定して終点を求め，この値を試料の終点から差し引く．

(3)　当量点では

$$[\mathrm{Cu}^{2+}] = [\mathrm{Ce}^{3+}] \approx 1.00 \times 10^{-3}\ \mathrm{mol/L}$$
$$[\mathrm{Cu}^{+}] = [\mathrm{Ce}^{4+}] = x\ \mathrm{mol/L}$$

となるので，

$$E = 0.153 - 0.0592\log\frac{x}{1.00 \times 10^{-3}}$$
$$E = 1.72 - 0.0592\log\frac{1.00 \times 10^{-3}}{x}$$
$$\therefore\quad E = \frac{0.153 + 1.72}{2} = 0.94\ \mathrm{V}$$

(4)　無色から紫色

問　題

5.3　0.025 mol/L I_2 と 0.050 mol/L I^- を含む水溶液試料がある．この試料の 20.00 mL を 0.050 mol/L チオ硫酸ナトリウム標準液で滴定した．

(1)　滴定前の試料溶液の電極電位を求めよ．

(2)　当量点での滴下量はいくらか？　当量点における溶液の電極電位を求めよ．

5.4 オゾン O_3 のヨウ素還元滴定に関して，以下の半反応と標準酸化還元電位を用いて，以下の問に答えよ．

$$O_3 + 2H^+ + 2e^- \rightleftharpoons O_2 + H_2O \qquad E^\circ(O) = 0.153\ V$$
$$I_2 + 2e^- \rightleftharpoons 2I^- \qquad E^\circ(I) = 0.620\ V$$
$$S_4O_6{}^{2-} + 2e^- \rightleftharpoons 2S_2O_3{}^{2-} \qquad E^\circ(S) = 0.008\ V$$

(1)　まず，O_3 を含む試料に KI を加える．このとき起こる反応の式を記せ．

(2)　次に，(1) で生じた I_2 をチオ硫酸ナトリウム $Na_2S_2O_3$ 標準液で滴定する．この滴定の反応式を記せ．

(3)　当量点における $\dfrac{[I^-]}{[I_2]}$ 比を求めよ．このとき，$[I_2] : [S_2O_3{}^{2-}] = 1 : 2$ かつ $[I^-] : [S_4O_6{}^{2-}] = 2 : 1$ であることを用いよ．

(4)　この滴定の終点を目視で決定する方法を述べよ．

(5)　当量点における 0.0100 M $Na_2S_2O_3$ 標準液の滴下量は 3.84 mL であった．試料に含まれていたオゾン O_3 の量（mol）を求めよ．

5.5 鉄 (II) イオンによる二クロム酸イオンの滴定に関して，以下の問に答えよ．関係する半反応と標準酸化還元電位は以下のようである．

$$Cr_2O_7{}^{2-} + 14H^+ + 6e^- \rightleftharpoons 2Cr^{3+} + 7H_2O \qquad E^\circ(Cr) = 1.33\ V$$
$$Fe^{3+} + e^- \rightleftharpoons Fe^{2+} \qquad E^\circ(Fe) = 0.771\ V$$

反応

$$a\mathrm{Ox} + mH^+ + ne^- \rightleftharpoons b\mathrm{Red} + \frac{m}{2}H_2O$$

に対するネルンストの式は次式を用いよ．

$$E = E^\circ - \frac{0.0592}{n}\log\frac{[\mathrm{Red}]^b}{[\mathrm{Ox}]^a\,[H^+]^m}$$

(1)　この滴定反応の全反応式を書け．

(2)　上の全反応式の平衡定数 K° は次式で表されることを導け．

$$\log K^\circ = \frac{6}{0.0592}\left\{E^\circ(\mathrm{Cr}) - E^\circ(\mathrm{Fe})\right\}$$

(3)　0.030 M $Cr_2O_7{}^{2-}$ 溶液 20.0 mL を 0.10 M Fe^{2+} 溶液で滴定した．当量点において，溶液の電位は 1.14 V，水素イオン濃度は 0.10 M であった．このときの $Cr_2O_7{}^{2-}$ 濃度を求めよ．

6 分配反応

6.1 溶媒抽出

- **溶媒抽出**（solvent extraction）は，二つの混じり合わない溶媒間での分配を利用して溶質を分離する方法．多くの場合，二相は水（水相）と有機溶媒（有機相）．
- **分配係数**（distribution coefficient）：両相に存在する同一の化学種 S の分配平衡定数．

$$K_{\mathrm{d}} = \frac{[\mathrm{S}]_{\mathrm{o}}}{[\mathrm{S}]}$$

ここで，下付きの o は有機相を表す．

- **分配比**（distribution ratio）：両相に存在する溶質 S の全濃度の比．

$$D = \frac{C(\mathrm{S})_{\mathrm{o}}}{C(\mathrm{S})}$$

- **抽出率**（percent extraction）

$$\%E = \frac{C(\mathrm{S})_{\mathrm{o}} \times V_{\mathrm{o}}}{C(\mathrm{S}) \times V + C(\mathrm{S})_{\mathrm{o}} \times V_{\mathrm{o}}} \times 100$$

ここで，V と V_{o} は水相と有機相の体積を表す．

- 金属キレートの抽出：金属イオンの分離・濃縮に有効．キレート試薬（**表 6.1**）を用いて無電荷キレートをつくる．

表 6.1 キレート抽出試薬

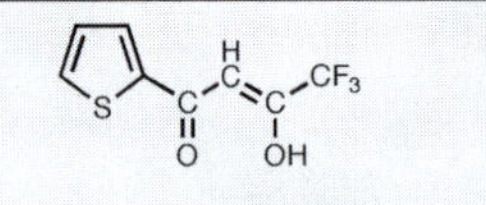

テノイルトリフルオロアセトン

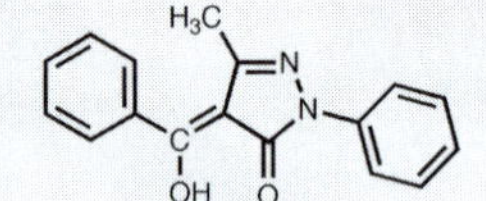

1-フェニル-3-メチル-4-ベンゾイル-5-ピラゾロン

β-ジケトン類．エノール形として多くの金属イオンと反応する．アルカリ金属，Be，ランタノイド，U などを抽出．

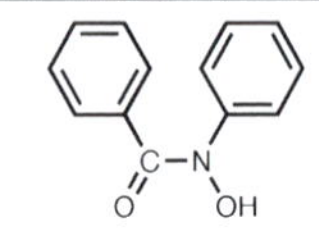

N-ベンゾイル-*N*-フェニルヒドロキシルアミン

V と赤紫色錯体．Ti, Nb, Mo, Fe, Ni, Cu, Ce, U なども抽出．

2-ニトロソ-1-ナフトール

Co(III), Fe, Th, U などを抽出．Co(II) を Co(III) に酸化．

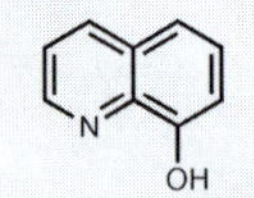

8-ヒドロキシキノリン（オキシン）

50 種以上の金属イオンと錯生成．

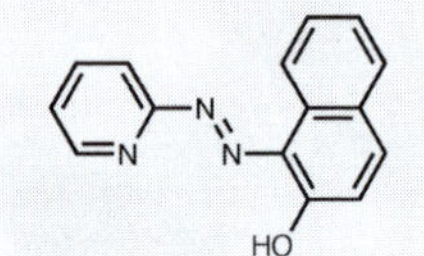

1-(2-ピリジルアゾ)-2-ナフトール

多くの金属と赤色の錯体．Co(III), Pd とは緑色のキレート．

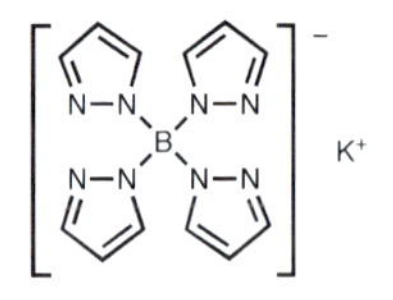

テトラキス(ピラゾリル)ボレイトカリウム

アルカリ土類，2 価遷移金属などを抽出．大きなイオンは抽出しにくい．

ジメチルグリオキシム

Ni, Pd に特異的．

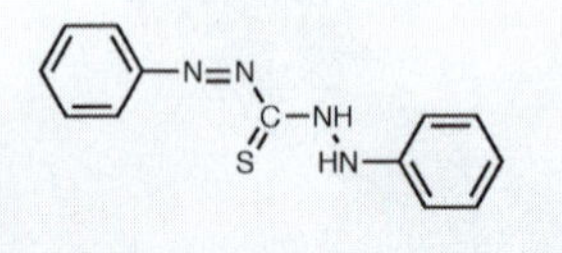

ジフェニルチオカルバゾン（ジチゾン）

Pd, Pt, Cu, Ag, Zn, Hg, Pb, Bi など多くの金属イオンと錯生成．チオケト形とチオール形の互変異性があり，金属によって配位形式も変化．

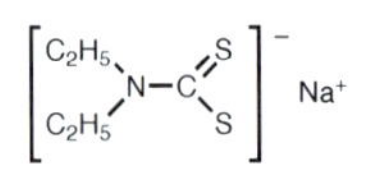

ジエチルジチオカルバマートナトリウム

ジベンジルジチオカルバミン酸

カルバマート類．Tl, Sn(IV), As(III), Sb(III), Bi, Se(IV), Te(IV) などを抽出．配位形式は変化しやすい．

6.2　イオン交換

- **イオン交換**（ion exchange）は，**イオン交換体**（ion exchanger）が溶液と接するとき，イオンを溶液に放出し，代わりに溶液中のイオンを取り込む反応．**固–液分配**（solid-liquid distribution）の一つ．
- **イオン交換樹脂**（ion exchange resin）：スチレンとジビニルベンゼンの多孔性共重合体が代表的．
  - ◇ 強酸性陽イオン交換樹脂：スルホン酸基 $-SO_3H$ をもつ．広い pH 範囲で酸解離し，陽イオンを吸着する．
  - ◇ 強塩基性陰イオン交換樹脂：第四級アンモニウム基 $-N(CH_3)_3{}^+$ をもつ．広い pH 範囲で陰イオンを吸着する．遷移金属イオンの相互分離に有効（図 **6.1**）．
- 陽イオン A^{a+} を吸着している陽イオン交換樹脂が A^{a+} と B^{b+} を交換する反応は，

$$bA^{a+}{}_r + aB^{b+} \rightleftharpoons bA^{a+} + aB^{b+}{}_r$$

ここで，下付きの r は樹脂相を表す．この反応の平衡定数

$$K_A{}^B = \frac{[A^{a+}]^b\,[B^{b+}]_r{}^a}{[A^{a+}]_r{}^b\,[B^{b+}]^a}$$

は**選択係数**（selectivity coefficient）と呼ばれる．$K_A{}^B$ が大きければ，樹脂は A^{a+} より B^{b+} を強く吸着する．

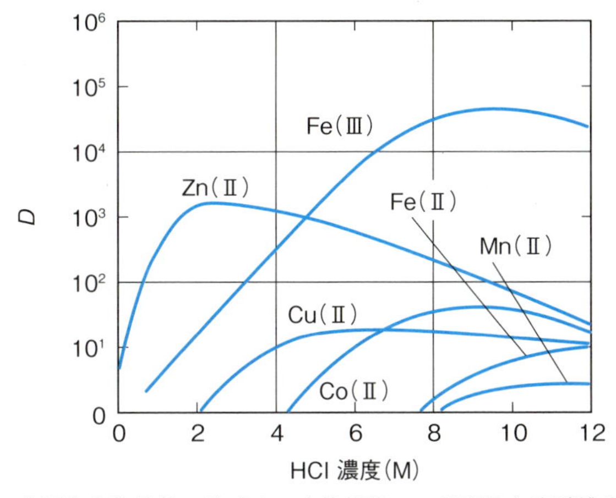

図 **6.1**　金属塩化物錯体の陰イオン交換樹脂への分配比と塩酸濃度の関係

例題 1

安息香酸 HA の分配係数は $K_\mathrm{d} = \dfrac{[\mathrm{HA}]_\mathrm{o}}{[\mathrm{HA}]}$ で表される．

ここで下付きの o があるものは有機相の化学種を，ないものは水相の化学種を表す．有機相がジエチルエーテルである場合，有機相での HA の化学種は HA のみである．よって有機相の HA の全濃度 $C(\mathrm{HA})_\mathrm{o}$ は，

$$C(\mathrm{HA})_\mathrm{o} = [\mathrm{HA}]_\mathrm{o}$$

である．水相では HA は次のように酸解離する．

$$\mathrm{HA} \rightleftharpoons \mathrm{H^+} + \mathrm{A^-} \qquad K_\mathrm{a} = \frac{[\mathrm{H^+}]\,[\mathrm{A^-}]}{[\mathrm{HA}]}$$

よって水相の HA の全濃度 $C(\mathrm{HA})$ は，

$$C(\mathrm{HA}) = [\mathrm{HA}] + [\mathrm{A^-}]$$

である．したがって，平衡時の両相における HA 全濃度の比である分配比 D は，次式のように $[\mathrm{H^+}]$ に依存する．

$$D = \frac{C(\mathrm{HA})_\mathrm{o}}{C(\mathrm{HA})} = \frac{[\mathrm{HA}]_\mathrm{o}}{[\mathrm{HA}] + [\mathrm{A^-}]} = \boxed{\text{ア}}$$

HA の酸解離が無視できる低 pH 領域では，両辺の常用対数をとると，

$$\log D = \boxed{\text{イ}}$$

となる．高 pH 領域では，両辺の常用対数をとると，

$$\log D = \boxed{\text{ウ}}$$

となる．有機相が極性の低いベンゼンである場合，HA は有機相で水素結合により二量体 $(\mathrm{HA})_2$ を生成する．

$$2\mathrm{HA_o} \rightleftharpoons (\mathrm{HA})_{2,\mathrm{o}} \qquad K_\mathrm{dim} = \frac{[(\mathrm{HA})_2]_\mathrm{o}}{[\mathrm{HA}]_\mathrm{o}{}^2}$$

したがって，低 pH 領域では，D は次式のように $[\mathrm{HA}]_\mathrm{o}$ に依存する．

$$D = \frac{C(\mathrm{HA})_\mathrm{o}}{C(\mathrm{HA})} = \frac{[\mathrm{HA}]_\mathrm{o} + 2[(\mathrm{HA})_2]_\mathrm{o}}{[\mathrm{HA}]} = \boxed{\text{エ}}$$

HA の抽出率 $\%E$ は次式で定義される．

$$\%E = \frac{C(\mathrm{HA})_\mathrm{o} \times V_\mathrm{o}}{C(\mathrm{HA}) \times V + C(\mathrm{HA})_\mathrm{o} \times V_\mathrm{o}} \times 100$$

ここで V_o と V は，それぞれ有機相と水相の体積である．

(1) 空欄 ア ～ エ に入る適切な式を求めよ．

(2) 有機相がジエチルエーテルのとき，$K_d = 24$ である．$\log D$ と水相の pH の関係を示す図を描け．$\log K_d$ および pK_a の位置も示すこと．

(3) 5.0×10^{-4} M HA を含む pH 1 の水相 90 mL とジエチルエーテル 30 mL を振とうするとき，HA の抽出率はいくらか？

(4) (3) の水相 90 mL をジエチルエーテル 10 mL で抽出することを 3 回続けた場合，HA の抽出率はいくらか？

解答

(1) ア，$\dfrac{K_d}{1 + K_a/[H^+]}$； イ，$\log K_d$；

ウ，$\log K_d + pK_a - pH$； エ，$K_d(1 + 2K_{dim}[HA]_o)$

(2)

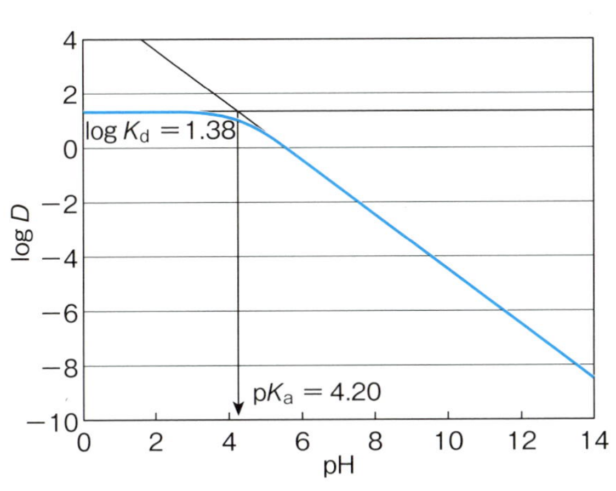

図 6.2 安息香酸をジエチルエーテルへ抽出するときの $\log D$ の pH 依存性

(3) 平衡時の [HA] を x M とおくと，

$$[HA]_o = 24x, \quad [HA]_o \times V_o + x \times V = 5.0 \times 10^{-4} \times 90$$

が成り立つので，

$$x = 5.56 \times 10^{-5}\ \mathrm{M}$$

よって $\%E = 89$．

(4) 1 回の抽出率は 72.7 % となるので，3 回の抽出では

$$72.7 + \frac{100 - 72.7}{100} \times 72.7 + \left(\frac{100 - 72.7}{100}\right)^2 \times 72.7 = 98\ \%$$

例題 2

β-ジケトンの一つであるテノイルトリフルオロアセトン（HA）の構造式は次のようである.

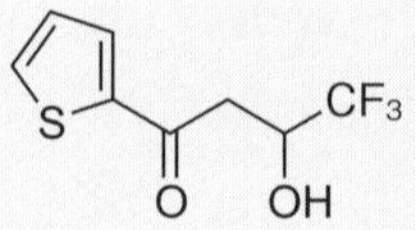

これは，弱酸であり，金属イオンの分離・濃縮を目的とした［ア］として使われる．有機相クロロホルムに溶解したテノイルトリフルオロアセトンで水相の3価金属イオン M^{3+} を有機相へ抽出する反応式は次のように書くことができる．ここで下付きの o は有機相の化学種を表す.

$$M^{3+} + 3HA_o \rightleftharpoons MA_{3,o} + 3H^+$$

この抽出定数 K_{ex} は次式のように表される.

$$K_{ex} = \frac{[MA_3]_o\,[H^+]^3}{[M^{3+}]\,[HA]_o{}^3}$$

水溶液が酸性で，M^{3+} 濃度が低いとき，M^{3+} の化学種は M^{3+} と $MA_{3,o}$ のみとみなせる．このとき金属イオンの分配比 D は次式で表される.

$$D = \boxed{\text{イ}}$$

よって，

$$\log D = \boxed{\text{ウ}}$$

となる．$[HA]_o$ が一定の条件で $\log D$ の pH 依存性，および pH が一定の条件で $\log D$ の $\log [HA]_o$ 依存性を調べる．それらが上の式に従っていれば，抽出反応を正しく推定できたと考えられる.

水相と有機相の体積が等しいとき，金属イオンの抽出率 $\%E$ は，D を用いて次式で表される.

$$\%E = \boxed{\text{エ}}$$

ある pH とある $[HA]_o$ 濃度の条件において，一つの3価金属イオンが 99 % 以上抽出され（$\log D \geq$ ［オ］），もう一つの3価金属イオンは 1 % 以下しか抽出されない（$\log D \leq$ ［カ］）とき，二つの金属イオンを定量的に分離できる．そのためには，二つの金属イオンの抽出定数の対数 $\log K_{ex}$ の差が［キ］以上でなければならない.

(1)　空欄 ア ～ キ に入る適切な語句，式，または整数値を答えよ．

(2)　テノイルトリフルオロアセトンは希土類金属イオンなどの抽出に適しているが，Ag^{+}, Hg^{2+} などの抽出には不適である．この理由を簡潔に述べよ．

解答

(1)　ア，キレート配位子；　イ，$\dfrac{[MA_3]_o}{[M^{3+}]}$；

ウ，$\log K_{ex} + 3pH + 3\log[HA]_o$；　エ，$\dfrac{100D}{D+1}$；

オ，2；　カ，-2；　キ，4

(2)　テノイルトリフルオロアセトンの配位原子である酸素は硬いルイス酸であるから．

問　題

6.1　イオン交換反応について以下の問に答えよ．

(1)　強酸性陽イオン交換樹脂に対する吸着の強さは一般に次の順となる．

$$Al^{3+} > Ba^{2+} > Sr^{2+} > Ca^{2+} > Cs^{+} > Rb^{+} > K^{+} > Na^{+}$$

この傾向の原因を説明せよ．

(2)　強塩基性陰イオン交換樹脂に対する吸着の強さは一般に次の順となる．

$$I^{-} > NO_3^{-} > Br^{-} > Cl^{-} > F^{-}$$

この傾向の原因を説明せよ．

(3)　第一遷移系列元素のイオンを相互に分離するとき，強酸性陽イオン交換樹脂ではなく，強塩基性陰イオン交換樹脂がよく利用される．その理由を説明せよ．

6.3 pH ガラス電極

- 典型的な **pH ガラス電極**（glass electrode）は，球状のガラス膜をもつ．ガラス膜の内部には，塩酸溶液が満たされ，銀–塩化銀電極（内部参照電極）がある．
- 試料溶液にガラス電極と外部参照電極を浸すと，次式のガルバニ電池が形成される．

$$外部参照電極 \,||\, \mathrm{H^+}(試料溶液) \,|\, ガラス膜 \,|\, \mathrm{H^+}(内部液) \,|\, 内部参照電極$$

ここで，ガラス膜両側の試料溶液と内部液の間のガラス膜電位は，試料溶液中の水素イオンの活量すなわち pH に応じて変化する．

- pH 複合電極：ガラス電極と外部参照電極を一体化したもの．
- ガラス膜表面には シラノール基≡SiOH が多く存在し，イオン交換を行う．
- ガラス電極は優れた**イオン選択性電極**（ion selective electrode）であり，陽イオンに対する選択性は次のようである．

$$\mathrm{H^+} \gg \mathrm{Na^+} > \mathrm{Li^+} > \mathrm{K^+},\ \mathrm{Rb^+},\ \mathrm{Cs^+}$$

- アルカリ誤差：ガラス膜が他の陽イオンに応答することによって生じる．特に溶液中の水素イオン濃度が低くなる高 pH 領域で pH 値を低くする誤差を生じる．一般に pH ガラス電極は pH 11 以上には適さない．
- 酸誤差：ガラス膜表面が H^+ で飽和すること，および膜電位が水の活量にも依存することを原因として，低 pH 領域で pH 値を高くする誤差を生じる．一般に pH ガラス電極は pH 1 以下には適さない．

例題 3

pH 測定には図 6.3 に示すような pH 複合電極を備えた pH 計が広く用いられる．ガラス膜表面の シラノール基≡SiOH は，溶液中で次式のように酸解離する．

$$\equiv\mathrm{SiOH} \rightleftharpoons \equiv\mathrm{SiO^-} + \mathrm{H^+}$$

ガラス膜両側の水素イオンの活量が異なると，この解離反応の差に基づくガラス膜電位 E (V) が生じる．外部参照電極を基準としてこの電位を測定する．25 °C において，E と pH の関係は次式で表される．

$$E = b - c \times 0.0592 \times \mathrm{pH} \qquad (*)$$

ここで b と c は，装置や条件に依存する定数である．理想的には c は 1 である．pH を測定するには，あらかじめ pH 標準液を用いて b と c を決定しておく必要がある．この操作を較正と呼ぶ．

(1) pH を測定するとき，図 6.3 の pH 複合電極をどの位置まで試料溶液に浸さなければならないか？ また，その理由を述べよ．

(2) 参照電極として銀–塩化銀電極がよく用いられる．この電極電位を決定する酸化還元反応の化学式を記せ．

(3) 酸性溶液の pH を測定する場合，pH 標準液として 0.050 mol/kg フタル酸水素カリウム $C_6H_4(COOK)(COOH)$ 溶液がよく用いられる．この溶液の pH を求めよ．ただし，フタル酸の酸解離定数は $K_{a1} = 1.2 \times 10^{-3}$, $K_{a2} = 3.9 \times 10^{-6}$ である．

(4) 高濃度の NaOH を含む溶液では，式 (*) の直線性が失われ，いわゆるアルカリ誤差が生じる．その現象と原因を説明せよ．

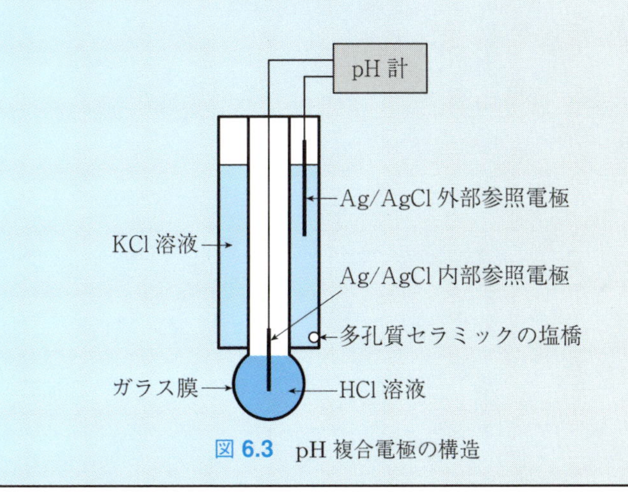

図 6.3 pH 複合電極の構造

解答 (1) セラミックの塩橋が完全に溶液に浸るようにする．ガルバニ電池を完成させるため．

(2) $AgCl + e^- \rightleftharpoons Ag + Cl^-$

(3) これは両性塩の溶液である．

$$pH \approx \frac{1}{2} \times (pK_{a1} + pK_{a2}) = 4.16$$

(4) pH の測定値は真値より低くなる．多量の Na^+ がシラノール基とイオン交換反応を起こすため．

問 題

6.2 25 ℃において，pH 7 標準液として 0.025 mol/kg リン酸二水素カリウム–0.025 mol/kg リン酸水素二ナトリウム溶液を，pH 4 標準液として 0.050 mol/kg フタル酸水素カリウム溶液を用いて pH 複合電極を較正した．以下の問に答えよ．

(1) 標準液の pH は温度に依存する．25 ℃における二つの標準液の pH を調べよ．答えは小数第 2 位まで記すこと．

(2) 較正後，pH 7 標準液の電位は 11 mV，pH 4 標準液の電位は 179 mV であった．この pH 範囲で電極電位 E は溶液の pH に比例すると仮定して，E と pH の関係式を求めよ．

(3) この電極で未知試料を測定したところ，電位は 107 mV であった．この試料の pH を求めよ．

総合演習問題

1

ある量 q を n 回繰り返し測定し，測定値 $q_1, q_2, \ldots, q_n$ を得た．q の誤差 δq は標準偏差 s を用いて，

$$\delta q = s = \boxed{\text{ア}} \qquad (*1)$$

で表される．求める値 Q が誤差 $\pm\delta x_i$ をもつ測定値 x_i の和または差で表されるとき，その誤差 δQ は誤差の伝播を考慮して，

$$\delta Q = \boxed{\text{イ}} \qquad (*2)$$

で表される．例えば，① 誤差 ± 0.05 mL の 50 mL ホールピペットを 3 回用いて 150 mL の水を量り取ったとき，合計体積の誤差は用いた器具の誤差を式 (*2) に代入して得られる．一方，Q が測定値 x_i の積または商で表されるとき，その誤差 δQ は

$$\delta Q = \boxed{\text{ウ}} \qquad (*3)$$

で表される．一般に，これらの式で得た誤差は有効数字一桁に丸める．例えば，水溶液のある成分の全濃度が $C = 0.10082$ mM で，その誤差が $\delta C = 0.00016$ mM のとき，$C \pm \delta C = \boxed{\text{エ}}$ mM と表す．② この水溶液を誤差 ± 0.02 mL の 10 mL ホールピペットで量り取り，誤差 ± 0.3 mL の 1000 mL メスフラスコを用いて 100 倍に希釈した．

(1) 空欄 $\boxed{\text{ア}}$ ～ $\boxed{\text{エ}}$ に入る適切な式または数値を答えよ．

(2) 下線①の方法で量り取った水の体積を求め，$V \pm \delta V$ (mL) の形で表せ．また，誤差 ± 1 mL の 50 mL メスシリンダーを 3 回用いて 150 mL の水を量り取ったときの水の体積を同じように表せ．

(3) 下線②に関して，希釈した水溶液の濃度を $C \pm \delta C$ (mM) の形で表せ．この操作はもとの水溶液の有効数字の桁数を保持するために適切であったか？

2

電解質溶液におけるイオン i の非理想性を表すため，次式で定義する活量 a_i が用いられる．

$$a_i = f_i c_i$$

ここで c_i はイオン i の濃度（mol/L），f_i は ［ア］ である．希薄溶液では，f_i は次式で定義される ［イ］ μ に依存する．

$$\mu = \frac{1}{2} \sum z_i^2 c_i$$

ここで z_i はイオン i の電荷である．$\mu \leq 0.2$ の溶液では，f_i は次式で計算できる．

$$\log f_i = -\frac{0.51|z_i^2|\sqrt{\mu}}{1 + 0.33\alpha_i\sqrt{\mu}}$$

これを ［ウ］ の拡張式と呼ぶ．ここで α_i はイオンサイズパラメータである．

(1) 空欄 ［ア］ ～ ［ウ］ に入る適切な語句を答えよ．

(2) 電解質溶液では，電気的中性が成立する．これを c_i と z_i を含む式で表せ．

(3) 以下の溶液における水素イオン濃度（mol/L）を計算せよ．酢酸の熱力学的酸解離定数は，$K_a^\circ = 1.8 \times 10^{-5}$ である．H^+, $CH_3CO_2^-$ のイオンサイズパラメータはそれぞれ 9.0, 4.5 である．なお，μ を計算するとき，濃度 1.0×10^{-3} mol/L 以下のイオンは無視できると仮定する．

(i) 1.0×10^{-3} mol/L 酢酸溶液

(ii) 1.0×10^{-3} mol/L 酢酸と 0.20 mol/L KCl を含む溶液

(4) (3) で反応に直接関与しないイオンが化学平衡に影響する効果を何と呼ぶか？

3

分析化学において，試料中の化学成分の種類を明らかにする方法は ［ア］ 分析，化学成分の存在量を明らかにする方法は ［イ］ 分析と呼ばれる．滴定は，化学反応を用いて目的成分の量を調べる ［イ］ 分析の一種である．

滴定の一般的な原理は次のようにまとめられる．目的成分 A を含む試料溶液に，A と反応する滴定剤 T の標準液を滴下し，終点までに加えた滴下量から A を ［イ］ する．この方法が成り立つには，以下の条件が必要である．

- 化学反応式（A と T の反応比）がわかっている．
- 副反応により A や T の濃度が変化しない．
- 滴下した滴定剤 T が A と速やかに反応する．
- 反応の ［ウ］ が大きく，反応が生成系に大きくかたよる．
- 終点で溶液の性質が明瞭に変化する．

溶液の性質としてはpHや電位があり，これらを標準液の滴下量に対してプロットした［　エ　］から終点が得られる．性質の変化が急であると終点の検出が容易である．適切な指示薬を用いれば，溶液の色の変化で終点を決定できる．正確のためには，AがTと完全に反応する［　オ　］点と終点が一致しなければならない．

(1)　空欄［　ア　］～［　オ　］に入る適切な語句を答えよ．

(2)　滴定の精度は標準液の濃度の精度に依存する．粉末の滴定剤Tをひょう量して標準液をつくるとき，Tの分子量が大きいほど高い精度が得られる．この理由を20字程度で説明せよ．

(3)　AとTの反応が遅いとき，逆滴定が有効な場合がある．逆滴定の定義を，二つの語句「過剰」と「未反応」を用いて50字程度で説明せよ．

(4)　0.10 M 強酸 HX 50.0 mL を 0.10 M 強塩基 YOH で滴定するとき，pHは終点近くで急激に増加する．滴下量 47.9 mL および 49.9 mL の二つの場合において，YOH をさらに 0.1 mL だけ滴下したときの pH 変化量を小数第二位まで答えよ．水のイオン積は $K_\mathrm{w} = 1.0 \times 10^{-14}$ とする．

4

ソーダ灰は炭酸ナトリウム（分子量106.0）を主成分とする工業薬品である．ソーダ灰試料 0.2504 g を純水 60 mL に溶解し，0.09985 mol/L 塩酸で滴定した．ブロモクレゾールグリーン（$\mathrm{p}K_\mathrm{a} = 4.7$）を指示薬として青色から淡緑色になるまで滴定するのに，46.67 mL を要した．

炭酸の逐次酸解離反応は以下のように表される．

$$\mathrm{H_2CO_3} \rightleftharpoons \mathrm{H^+ + HCO_3^-} \qquad K_\mathrm{a1} = \frac{[\mathrm{H^+}]\,[\mathrm{HCO_3^-}]}{[\mathrm{H_2CO_3}]}$$

$$\mathrm{HCO_3^-} \rightleftharpoons \mathrm{H^+ + CO_3^{2-}} \qquad K_\mathrm{a2} = \frac{[\mathrm{H^+}]\,[\mathrm{CO_3^{2-}}]}{[\mathrm{HCO_3^-}]}$$

なお，ソーダ灰の炭酸ナトリウム以外の成分は滴定に影響しないと仮定する．

(1)　ブロモクレゾールグリーンの終点は，この滴定の第二当量点を示す．この終点において，溶液中に存在する主な二つのイオンを答えよ．

(2)　第二当量点の pH を決める化学種を答えよ．

(3)　(2) の化学種のモル濃度を c として，第二当量点の pH を表す式を記せ．

(4)　実際の滴定では終点直前で滴定を中断し，溶液を 2～3 分間煮沸する．その後，溶液を室温まで放冷してから，再び終点まで滴定する．この操作は滴下量あたりの色の変化を著しくし，終点を見分けやすくする．その理由を述べよ．

(5)　ソーダ灰試料中の炭酸ナトリウムの重量パーセントを有効数字4桁で求めよ．

5

リン酸の逐次酸解離反応は以下のように表される.

$$H_3PO_4 \rightleftharpoons H^+ + H_2PO_4^- \qquad K_{a1} = \frac{[H^+][H_2PO_4^-]}{[H_3PO_4]} = 1.1 \times 10^{-2}$$

$$H_2PO_4^- \rightleftharpoons H^+ + HPO_4^{2-} \qquad K_{a2} = \frac{[H^+][HPO_4^{2-}]}{[H_2PO_4^-]} = 7.5 \times 10^{-8}$$

$$HPO_4^{2-} \rightleftharpoons H^+ + PO_4^{3-} \qquad K_{a3} = \frac{[H^+][PO_4^{3-}]}{[HPO_4^{2-}]} = 4.8 \times 10^{-13}$$

リン酸の全濃度を C (mol/L) とすると, リン酸の各化学種の［ ア ］α_i は以下のように定義できる.

$$\alpha_0 = \frac{[H_3PO_4]}{C}, \quad \alpha_1 = \frac{[H_2PO_4^-]}{C}, \quad \alpha_2 = \frac{[HPO_4^{2-}]}{C}, \quad \alpha_3 = \frac{[PO_4^{3-}]}{C}$$

α_i は $[H^+]$ の関数となる. 図 1 は α_i の pH 依存性を示す. 図 1 はさまざまな pH の緩衝液をつくるときに有用である. 緩衝液をつくるには, 例えば

① 0.10 mol/L H_3PO_4, ② 0.10 mol/L NaH_2PO_4,
③ 0.10 mol/L Na_2HPO_4, ④ 0.10 mol/L Na_3PO_4

の溶液のうち二つを選び, 適当な量比で混合すればよい.

リン酸緩衝液を実験に用いるとき問題になることの一つは, リン酸イオンと金属イオンの錯生成により金属イオンの［ イ ］錯体の活量が低下することである. また, リン酸イオンは多くの金属イオンと難溶性塩を生成する.

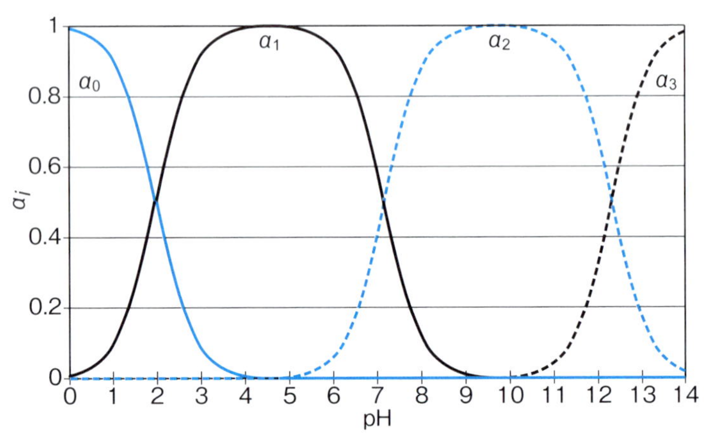

図 1 リン酸の α_i の pH 依存性

(1) 空欄 ア と イ に入る適切な語句を答えよ．
(2) α_2 を $[H^+]$ の関数として表す式を導け．
(3) $pH = pK_{ai}$ における α_{i-1} と α_i の関係式を記せ．
(4) $pH = 7.00$ および $pH = 2.70$ の緩衝液をそれぞれ 100 mL つくるには，溶液①～④のうちどの二つを何 mL ずつ混合すればよいか？ 図 1 を使って考えよ．
(5) リン酸溶液中で溶解度の低い金属イオンのグループは以下の (i)～(iii) のいずれか？ この傾向はどのように説明されるか？
(i) Ag^+, Au^+
(ii) Ni^{2+}, Cu^{2+}
(iii) La^{3+}, Zr^{4+}

6

シアン化カリウムと水酸化ナトリウムを含む試料水溶液 50.00 mL がある．この試料を 0.1073 mol/L HCl 標準液で滴定し，HCl 標準液の滴下量に対して溶液の pH をプロットした滴定曲線を得た．滴下量は，第一当量点では 8.05 mL，第二当量点では 34.64 mL であった．

第一当量点までは ア が，第一当量点から第二当量点までは イ が滴定される．よって，もとの試料溶液中の水酸化ナトリウム濃度は ウ mol/L，シアン化カリウム濃度は エ mol/L である．

シアン化水素の酸解離定数は次式で定義される．

$$K_a = \frac{[H^+]\,[CN^-]}{[HCN]} = 6.2 \times 10^{-10}$$

滴定曲線上の点の pH を近似計算で求めることができる．第一当量点では，水溶液は オ と KCN を水に溶かしたものと見なせるので，pH は カ である．第一当量点と第二当量点の中間点では，$[CN^-] = [$ キ $]$ が成り立つので，pH は ク である．第二当量点では，水溶液は オ と ケ と HCN を溶かしたものと見なせるので，pH は コ である．

①<u>一般に塩酸は一次標準物質ではない</u>．HCl 標準液は， サ など一次標準物質の標準液を用いて滴定され，その濃度が精確に決められる．この操作は， シ と呼ばれる．なお，②<u>本試料溶液の滴定は，安全のため換気のよい条件で行い，滴定後の水溶液は速やかに強アルカリ性に戻して保存すべきである</u>．

(1) 空欄 ア ～ シ に入る適切な数値，化学式，または語句を答えよ．
(2) 下線①について，その理由を述べよ．
(3) 下線②について，その理由を述べよ．

7

置換基Rをもつアミノ酸の塩酸塩 $H_2NCHRCOOH\cdot HCl$ 0.6705 g を純水 80.00 mL に溶解し，0.1000 mol/L NaOH 標準液で滴定した．その滴定曲線を図 2 に示す．アミノ酸の酸解離定数は以下のように定義する．

$$K_{a1} = \frac{[H^+]\,[H_3N^+CHRCOO^-]}{[H_3N^+CHRCOOH]}$$

$$K_{a2} = \frac{[H^+]\,[H_2NCHRCOO^-]}{[H_3N^+CHRCOO^-]}$$

(1) 第一当量点における NaOH 標準液の滴下量は，40.00 mL であった．この終点を決定するために適切な指示薬を以下から一つ選べ．

ブロモフェノールブルー	$pK_a = 4.1$
メチルレッド	$pK_a = 5.0$
フェノールレッド	$pK_a = 8.0$

(2) 第一当量点の pH を与える近似式を導け．アミノ酸の全濃度を C，水の自己プロトリシス定数を K_w として，

$$K_w \ll K_{a2}C \quad かつ \quad K_{a1} \ll C$$

であると仮定する．

(3) 第二当量点における NaOH 標準液の滴下量はいくらか？

(4) 滴定曲線から，このアミノ酸の pK_{a1} と pK_{a2} を小数第一位まで読みとれ．

(5) このアミノ酸塩酸塩 $H_2NCHRCOOH \cdot HCl$ の分子量を求めよ．

(6) このアミノ酸は何と推定されるか？

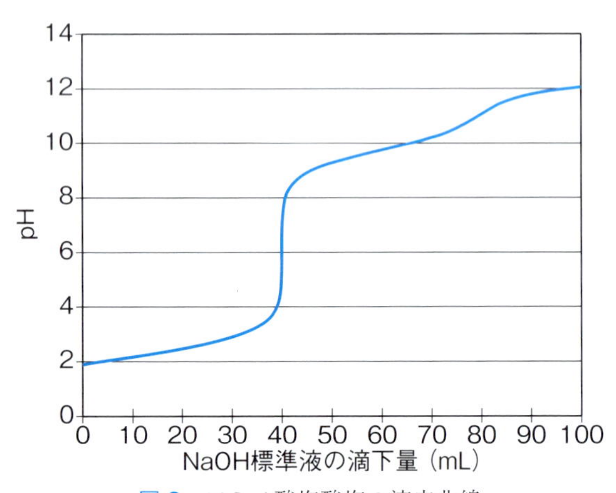

図 2 アミノ酸塩酸塩の滴定曲線

8

水酸化アルミニウム $Al(OH)_3$ 沈殿と平衡にある水溶液中アルミニウム化学種の濃度を考えよう．考えるべき反応と平衡定数は以下の六つである．

$$H_2O \rightleftharpoons H^+ + OH^- \qquad K_w = [H^+][OH^-] = 1.0 \times 10^{-14}$$

$$Al(OH)_3(s) \rightleftharpoons Al^{3+} + 3OH^- \qquad K_{sp} = [Al^{3+}][OH^-]^3 = 3.0 \times 10^{-34}$$

$$Al^{3+} + OH^- \rightleftharpoons Al(OH)^{2+} \qquad \beta_1 = \frac{[Al(OH)^{2+}]}{[Al^{3+}][OH^-]} = 1.0 \times 10^9$$

$$Al^{3+} + 2OH^- \rightleftharpoons Al(OH)_2{}^+ \qquad \beta_2 = \frac{[Al(OH)_2{}^+]}{[Al^{3+}][OH^-]^2} = 7.9 \times 10^{17}$$

$$Al^{3+} + 3OH^- \rightleftharpoons Al(OH)_3 \qquad \beta_3 = \frac{[Al(OH)_3]}{[Al^{3+}][OH^-]^3} = 1.6 \times 10^{25}$$

$$Al^{3+} + 4OH^- \rightleftharpoons Al(OH)_4{}^- \qquad \beta_4 = \frac{[Al(OH)_4{}^-]}{[Al^{3+}][OH^-]^4} = 2.0 \times 10^{33}$$

ここで，$Al(OH)_3(s)$ は沈殿を表すが，$Al(OH)_3$ は沈殿ではなく溶液中の化学種を表すことに注意しよう．溶液中のアルミニウムの全濃度 C (mol/L) は次式で表される．

$$C = [Al^{3+}] + [Al(OH)^{2+}] + [Al(OH)_2{}^+] + [Al(OH)_3] + [Al(OH)_4{}^-]$$

(1) すべての pH において，$[Al^{3+}]$ は溶解度積の式によって決まる．$[Al^{3+}]$ を $[OH^-]$ の関数として表せ．

(2) pH 3 以下では水酸化物錯体の生成は無視できる．pH 3 における C (mol/L) を求めよ．

(3) 水酸化物錯体の濃度は，$[OH^-]$ と $[Al^{3+}]$ に依存する．錯体それぞれの濃度を $[Al^{3+}]$ と $[OH^-]$ の関数として表せ．

(4) Excel を使って pH 1 から pH 13 までの変化を考えよう．

列 A の行 1 から行 6 までに K_w から β_4 までの平衡定数の名称（Kw など）を記入する．列 B の行 1 から行 6 までにそれぞれの定数の値を記入する．列 D から列 K までの行 1 に pH, $[OH^-]$, $[Al^{3+}]$, $[Al(OH)^{2+}]$, $[Al(OH)_2{}^+]$, $[Al(OH)_3]$, $[Al(OH)_4{}^-]$，および C の名称（pH など）を記入する．セル D2 に 1 を，セル D3 に 1.1 を記入する．セル D4 以下に 0.1 ずつ増加する値を 13 まで記入する．セル D2 の pH に対応する $[OH^-]$ を求める式をセル E2 に記入する．このとき，セル B1 の定数を参照するが，B1 のように絶対参照を用いる（または，セル B1 に適切な名前 K_w などを定義して，これを用いる）．セル E2 の $[OH^-]$ に対応する $[Al^{3+}]$ を求める式をセル F2 に記入する．同様にセル G2 からセル K2 までに適切な式を記入する．広い pH 範囲の変化を見るために，濃度を対数にする．セル L1 からセル Q1 までに $\log[Al^{3+}]$ などの名称を記入し，セル L2 からセル Q2 までにセル F2 からセル K2 までの対数を求める式を記入する．セル E2 からセル Q2 までの式を行 122（pH 13）までペーストする．以上のように作成したスプレッドシートの一部を図 3 に示す．

pH を横軸に，$\log[Al^{3+}]$，$\log[Al(OH)^{2+}]$，$\log[Al(OH)_2{}^{+}]$，$\log[Al(OH)_3]$，$\log[Al(OH)_4{}^{-}]$，および $\log C$ を縦軸にプロットしたグラフをつくれ．$\log C$ が最小となる pH はいくらか？　その pH において，$[Al^{3+}]$ と C の値はいくらか？

	A	B	C	D	E	F	G	H	I	J	K
1	Kw	1.00.E-14		pH	OH	Al	Al(OH)	Al(OH)2	Al(OH)3	Al(OH)4	Altotal
2	Ksp	3.00.E-34		1	1.00.E-13	3.00.E+05	3.00.E+01	2.37.E-03	4.80.E-09	6.00.E-14	3.00.E+05
3	b1	1.00.E+09		1.1	1.26.E-13	1.50.E+05	1.89.E+01	1.88.E-03	4.80.E-09	7.55.E-14	1.50.E+05
4	b2	7.90.E+17		1.2	1.58.E-13	7.54.E+04	1.19.E+01	1.50.E-03	4.80.E-09	9.51.E-14	7.54.E+04
5	b3	1.60.E+25		1.3	2.00.E-13	3.78.E+04	7.54.E+00	1.19.E-03	4.80.E-09	1.20.E-13	3.78.E+04
6	b4	2.00.E+33		1.4	2.51.E-13	1.89.E+04	4.75.E+00	9.44.E-04	4.80.E-09	1.51.E-13	1.89.E+04
7				1.5	3.16.E-13	9.49.E+03	3.00.E+00	7.49.E-04	4.80.E-09	1.90.E-13	9.49.E+03
8				1.6	3.98.E-13	4.75.E+03	1.89.E+00	5.95.E-04	4.80.E-09	2.39.E-13	4.76.E+03
9				1.7	5.01.E-13	2.38.E+03	1.19.E+00	4.73.E-04	4.80.E-09	3.01.E-13	2.38.E+03
10				1.8	6.31.E-13	1.19.E+03	7.54.E-01	3.76.E-04	4.80.E-09	3.79.E-13	1.20.E+03
11				1.9	7.94.E-13	5.99.E+02	4.75.E-01	2.98.E-04	4.80.E-09	4.77.E-13	5.99.E+02
12				2	1.00.E-12	3.00.E+02	3.00.E-01	2.37.E-04	4.80.E-09	6.00.E-13	3.00.E+02
13				2.1	1.26.E-12	1.50.E+02	1.89.E-01	1.88.E-04	4.80.E-09	7.55.E-13	1.51.E+02
14				2.2	1.58.E-12	7.54.E+01	1.19.E-01	1.50.E-04	4.80.E-09	9.51.E-13	7.55.E+01
15				2.3	2.00.E-12	3.78.E+01	7.54.E-02	1.19.E-04	4.80.E-09	1.20.E-12	3.78.E+01
16				2.4	2.51.E-12	1.89.E+01	4.75.E-02	9.44.E-05	4.80.E-09	1.51.E-12	1.90.E+01
17				2.5	3.16.E-12	9.49.E+00	3.00.E-02	7.49.E-05	4.80.E-09	1.90.E-12	9.52.E+00
18				2.6	3.98.E-12	4.75.E+00	1.89.E-02	5.95.E-05	4.80.E-09	2.39.E-12	4.77.E+00
19				2.7	5.01.E-12	2.38.E+00	1.19.E-02	4.73.E-05	4.80.E-09	3.01.E-12	2.39.E+00
20				2.8	6.31.E-12	1.19.E+00	7.54.E-03	3.76.E-05	4.80.E-09	3.79.E-12	1.20.E+00
21				2.9	7.94.E-12	5.99.E-01	4.75.E-03	2.98.E-05	4.80.E-09	4.77.E-12	6.03.E-01

図 3　スプレッドシートの一部

9

ストロンチウムイオン Sr^{2+} と亜鉛イオン Zn^{2+} の EDTA 錯体生成反応と生成定数は以下の式で表される．

$$Sr^{2+} + Y^{4-} \rightleftharpoons SrY^{2-} \qquad K = \frac{[SrY^{2-}]}{[Sr^{2+}][Y^{4-}]} = 4.3 \times 10^{8}$$

$$Zn^{2+} + Y^{4-} \rightleftharpoons ZnY^{2-} \qquad K = \frac{[ZnY^{2-}]}{[Zn^{2+}][Y^{4-}]} = 3.2 \times 10^{16}$$

ここで，Y^{4-} は完全に酸解離した EDTA を表す．錯生成していない EDTA の全濃度を C' とすると，Y^{4-} の分率 α_4 は次式で定義される．

$$\alpha_4 = \frac{[Y^{4-}]}{C'}$$

また，イオン M^{2+} の条件付き生成定数 K' は次式で定義される．

$$K' = \frac{[MY^{2-}]}{[M^{2+}]C'}$$

(1) pH 4.30 において，$\alpha_4 = 1.46 \times 10^{-8}$ である．pH 4.30 における Sr 錯体と Zn 錯体の K' を求めよ．

(2) pH 4.30 において，5.00×10^{-3} M Zn^{2+} 溶液 40.00 mL に 0.0100 M EDTA 溶液 20.00 mL を加えた．平衡時の $[Zn^{2+}]$ と $[ZnY^{2-}]$ を求めよ．

(3) (2) において，試料中に Sr^{2+} が含まれていた場合，平衡時の $\dfrac{[SrY^{2-}]}{[Sr^{2+}]}$ 比はいくらになるか？

(4) 上記の結果から考えて，pH 4.30 において，Sr^{2+} と Zn^{2+} を含む試料中の Zn^{2+} を EDTA 滴定で有効数字 4 桁まで定量することは可能か？　その理由を述べよ．

(5) 1.00×10^{-2} M HCl を含む試料水 40.00 mL に酢酸 0.2 mol と水酸化ナトリウムを加えて，pH 4.30 に調節したい．水酸化ナトリウムは何 mol だけ加えればよいか？　酢酸の酸解離定数は $\mathrm{p}K_\mathrm{a} = 4.75$ である．

10

Fe^{3+} と Ni^{2+} の EDTA 錯体生成反応と生成定数は以下の式で表される．

$$Fe^{3+} + Y^{4-} \rightleftharpoons FeY^- \qquad K = \frac{[FeY^-]}{[Fe^{3+}][Y^{4-}]} = 1.3 \times 10^{25}$$

$$Ni^{2+} + Y^{4-} \rightleftharpoons NiY^{2-} \qquad K = \frac{[NiY^{2-}]}{[Ni^{2+}][Y^{4-}]} = 2.5 \times 10^{18}$$

ここで，Y^{4-} は完全に酸解離した EDTA を表す．錯生成していない EDTA の全濃度を C' とすると，Y^{4-} の分率 α_4 は次式で定義される．

$$\alpha_4 = \frac{[Y^{4-}]}{C'}$$

また，EDTA の酸解離定数は以下のようである．

$$H_4Y \rightleftharpoons H^+ + H_3Y^- \qquad K_{a1} = \frac{[H^+][H_3Y^-]}{[H_4Y]} = 1.0 \times 10^{-2}$$

$$H_3Y^- \rightleftharpoons H^+ + H_2Y^{2-} \qquad K_{a2} = \frac{[H^+][H_2Y^{2-}]}{[H_3Y^-]} = 2.2 \times 10^{-3}$$

$$H_2Y^{2-} \rightleftharpoons H^+ + HY^{3-} \qquad K_{a3} = \frac{[H^+][HY^{3-}]}{[H_2Y^{2-}]} = 6.9 \times 10^{-7}$$

$$HY^{3-} \rightleftharpoons H^+ + Y^{4-} \qquad K_{a4} = \frac{[H^+][Y^{4-}]}{[HY^{3-}]} = 5.5 \times 10^{-11}$$

(1) $\dfrac{[FeY^-]}{[Fe^{3+}]}$ 比を水素イオン濃度 $[H^+]$ と C' の関数として表す式を導け.

(2) 図 **4** は各 pH での滴定において，目的イオンの初濃度が 10^{-3} mol/L 程度，終点で $C' = 5 \times 10^{-7}$ mol/L と仮定し，$\dfrac{[FeY^-]}{[Fe^{3+}]}$ 比および $\dfrac{[NiY^{2-}]}{[Ni^{2+}]}$ 比を pH に対してプロットしたものである．$\dfrac{[FeY^-]}{[Fe^{3+}]} \geq 10^3$ かつ $\dfrac{[NiY^{2-}]}{[Ni^{2+}]} \leq 10^{-3}$ である範囲に試料水の pH を調節すれば，Ni^{2+} が共存していても Fe^{3+} のみを定量できる．この pH 範囲を図 **4** から読みとって示せ.

(3) 試料水中の Fe^{3+} 濃度と Ni^{2+} 濃度の和を求めるのに適した pH 範囲を図 **4** から読みとって示せ.

(4) (3) の滴定は，pH が高すぎると不精確になる．その主な原因を述べよ.

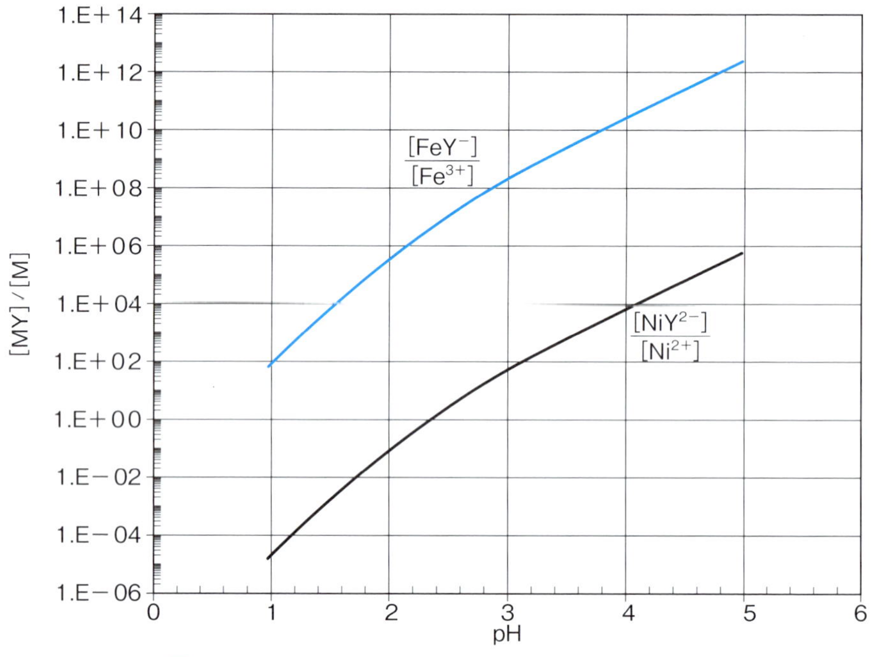

図 **4** 平衡濃度比の pH 依存性．E+x は $\times 10^x$ を表す.

11

Mg^{2+} または Ca^{2+} とエチレンジアミン四酢酸（EDTA）イオン（Y^{4-}）との錯生成定数は以下の式で表される．

$$K = \frac{[MgY^{2-}]}{[Mg^{2+}][Y^{4-}]} = 4.9 \times 10^{8}, \quad K = \frac{[CaY^{2-}]}{[Ca^{2+}][Y^{4-}]} = 5.0 \times 10^{10}$$

錯生成していない EDTA の全濃度を C' とすると，Y^{4-} の分率 α_4 は，

$$\alpha_4 = \frac{[Y^{4-}]}{C'}$$

と定義される．$C' = 2.0 \times 10^{-6}$ M であるとき，各 pH における $\frac{[MgY^{2-}]}{[Mg^{2+}]}$ 比および $\frac{[CaY^{2-}]}{[Ca^{2+}]}$ 比は，表 1 のように求められる．

表 1　各 pH における平衡濃度比

pH	8	10	12
α_4	5.4×10^{-3}	3.5×10^{-1}	9.8×10^{-1}
$[MgY^{2-}]/[Mg^{2+}]$	ア	イ	ウ
$[CaY^{2-}]/[Ca^{2+}]$	5.4×10^{2}	3.5×10^{4}	9.8×10^{4}

また，水酸化マグネシウムと水酸化カルシウムの溶解度積は以下の式で表される．

$$K_{sp} = [Mg^{2+}][OH^-]^2 = 1.2 \times 10^{-11}$$
$$K_{sp} = [Ca^{2+}][OH^-]^2 = 5.5 \times 10^{-6}$$

以上に基づいて，試料水中の Mg^{2+} と Ca^{2+} を定量する方法を以下のように定めた．

操作 1：試料水 50.00 mL を三角フラスコにとり，緩衝液を加えて pH を［エ］に調節し，EBT 指示薬を加えたのち，0.01 M EDTA 標準液で滴定する．

操作 2：試料水 50.00 mL を三角フラスコにとり，pH を［オ］に調節してしばらく放置する．次に NN 指示薬を加えたのち，0.01 M EDTA 標準液で滴定する．

(1)　表 1 の空欄［ア］～［ウ］に入る適切な数値を求めよ．

(2)　操作 1 は Mg^{2+} と Ca^{2+} の濃度の和を定量する．空欄［エ］に入る適切な pH は 8, 10, 12 のいずれか？

(3)　操作 2 は Ca^{2+} の濃度のみを定量する．空欄［オ］に入る適切な pH は 8, 10, 12 のいずれか？　試料中の Mg^{2+} と Ca^{2+} の初濃度が 10^{-2} M くらいであれば，この条件で Ca^{2+} のみを定量できる理由を定量的に述べよ．

(4)　0.01 M EDTA 標準液（$f = 0.9978$）の滴下量は，操作 1 では 24.37 mL，操作 2 では 16.55 mL であった．試料水中の Mg^{2+} と Ca^{2+} の濃度を求めよ．

12

重量分析は主成分を有効数字 4 桁以上で定量することができる．目的成分を溶液から沈殿させ，強熱，乾燥などの段階を経て，既知組成の［ ア ］に変換し，その重量から目的成分量を求める．

現在，重量測定には主に電子天びんが用いられる．測定では試料に働く［ イ ］と電磁力をつり合わせる．精確な測定には，以下の注意が必要である．

(i) 水準器を参照して電子天びんを水平に設置する．

(ii) 測定の直前に電子天びんを較正する．

(iii) 試料の温度を周囲の温度と等しくし，試料室の扉を閉める．

【ニクロム中のニッケルの定量】 ニクロム試料 0.1204 g を塩酸と硝酸で溶解し，①クロムや鉄と錯生成させるためにクエン酸を加え，水で約 150 mL に希釈した．アンモニアを加えて溶液をアルカリ性として，加熱し，過剰のジメチルグリオキシム（分子量 116.1）を加えて，赤色のビス（ジメチルグリオキシム）ニッケル (II)（分子量 288.9）を定量的に沈殿させた．沈殿をろ過により集めて，冷水で洗浄，乾燥後，重量を測定した．その重量は 0.3572 g であった．

(1) 空欄［ ア ］および［ イ ］に入る適切な語句を答えよ．

(2) (i)〜(iii) のそれぞれについて，その理由を簡潔に述べよ．

(3) ニクロム試料中のニッケルの重量パーセントを有効数字 4 桁で求めよ．

(4) ジメチルグリオキシムは Ni^{2+} に対して選択性が高い．これはビス（ジメチルグリオキシム）ニッケル (II) が平面正方形型錯体であり，その構造が水素結合によって安定化されるためである．この錯体の構造式を書け．配位結合は実線で，水素結合は破線で示すこと．

(5) ニッケルの同族元素で，(4) と同じ構造の錯体をつくるイオン一つを答えよ．

(6) 下線①について，この操作は一般に何と呼ばれるか？　また，その目的を簡潔に述べよ．

13

硫化ニッケル，硫化銅，および硫化亜鉛の溶解度積 K_{sp} は次式で定義される．

$$K_{sp} = [M^{2+}]\,[S^{2-}]$$

ここで

$$K_{sp}(NiS) = 4 \times 10^{-20}, \quad K_{sp}(CuS) = 8 \times 10^{-37}, \quad K_{sp}(ZnS) = 3 \times 10^{-23}$$

である．

また，硫化水素 H_2S は以下のように酸解離する．

$$\mathrm{H_2S} \rightleftharpoons \mathrm{H^+ + HS^-} \qquad K_{a1} = \frac{[\mathrm{H^+}][\mathrm{HS^-}]}{[\mathrm{H_2S}]} = 9.1 \times 10^{-8}$$

$$\mathrm{HS^-} \rightleftharpoons \mathrm{H^+ + S^{2-}} \qquad K_{a2} = \frac{[\mathrm{H^+}][\mathrm{S^{2-}}]}{[\mathrm{HS^-}]} = 1.2 \times 10^{-15}$$

(1) 硫化水素の全濃度を C とすると，硫化物イオン S^{2-} の分率 α_2 は次式で表される．

$$\alpha_2 = \frac{[\mathrm{S^{2-}}]}{C}$$

α_2 を水素イオン濃度の関数として表す式を導け．

(2) 硫化ニッケル，硫化銅および硫化亜鉛の条件付き溶解度積 K'_{sp} は次式で表される．

$$K'_{sp} = [\mathrm{M^{2+}}]C$$

$[H^+] = 0.30$ M における硫化ニッケル，硫化銅，および硫化亜鉛の K'_{sp} を求めよ．

(3) Ni^{2+}, Cu^{2+}, Zn^{2+} をそれぞれ 5×10^{-3} M 含む 0.30 M HCl 溶液に気体 H_2S を通じて飽和させた．このときどのイオンが沈殿し，どのイオンが溶液に残るかを定量的に推論せよ．ただし，H_2S の溶液中全濃度は 0.10 M，水素イオン濃度は 0.30 M で一定とみなせるとする．

14

重量分析では，条件を選べば，共存イオンが存在しても目的成分を定量することができる．Mn^{2+} イオンと Co^{2+} イオンをそれぞれ約 5 mmol/L 含む試料溶液 250 mL がある．これに塩酸を加え，次に硫化水素を吹き込むと，［ア］が沈殿した．平衡に達したとき，硫化水素の全濃度は 0.10 mol/L，水素イオン濃度は 1.0×10^{-4} mol/L であった．［ア］をろ過して集め，空気中で 1000 °C に加熱して［イ］を得た．［イ］の質量は，76.34 mg であった．

ただし硫化マンガンと硫化コバルトの溶解度積 K_{sp} は，それぞれ 3×10^{-11} と 5×10^{-22} である．また，硫化水素の酸解離定数は以下のとおりである．

$$K_{a1} = \frac{[\mathrm{H^+}][\mathrm{HS^-}]}{[\mathrm{H_2S}]} = 9.1 \times 10^{-8}$$

$$K_{a2} = \frac{[\mathrm{H^+}][\mathrm{S^{2-}}]}{[\mathrm{HS^-}]} = 1.2 \times 10^{-15}$$

(1) 空欄［ア］と［イ］に入る適切な物質の化学式を書け．また，重量分析においてこれらはそれぞれ何形と呼ばれるか？

(2) ［ア］が完全に沈殿して平衡に達したとき，もう一方の金属イオンは濃度が何 mol/L 以下であれば沈殿しないと考えられるか？

(3) ［ア］として沈殿した金属イオンは，試料溶液に何 mol/L 含まれていたか？

15

硝酸銀溶液でハロゲン化物イオン X^- を滴定する反応は次式で表される．

$$Ag^+ + X^- \longrightarrow AgX(s)$$

ここで (s) は沈殿を示す．①当量点ではハロゲン化物イオンと当量の銀イオンが加えられる．終点はそれ以上沈殿が生じないところであるが，塩化銀は白色であり，終点がわかりにくい．終点を決定する代表的な方法は以下の三つである．

モール法では，試料にクロム酸カリウムを加える．②終点で次の反応が起こる．

$$2Ag^+ + CrO_4{}^{2-} \longrightarrow Ag_2CrO_4(s)$$

クロム酸イオンは黄色であるが，クロム酸銀は赤色であり，沈殿が赤みを帯びる．

ファヤンス法では，試料に蛍光性色素の陰イオンを加える．例えばジクロロフルオレセインは，③当量点までは溶液に黄緑色蛍光を生じ，当量点を過ぎると沈殿に吸着して沈殿をピンク色にする．

フォルハルト法では，④試料に過剰既知量の銀イオンを加えて沈殿を生成した後，残った銀イオンをチオシアン酸カリウム溶液で滴定する．

$$Ag^+ + SCN^- \longrightarrow AgSCN(s)$$

試料に Fe^{3+} を加えておけば，終点で⑤ $Fe(SCN)_n{}^{3-n}$ の赤色錯体が生成する．

(1) 下線①に関して，塩化物イオンを含む試料を滴定したとき，当量点での銀イオンの濃度（mol/L）を求めよ．塩化銀の溶解度積は以下の値を用いよ．

$$K_{\mathrm{sp}}(AgCl) = [Ag^+]\,[Cl^-] = 1.0 \times 10^{-10}$$

(2) 下線②に関して，ちょうど当量点でクロム酸銀が沈殿するために必要なクロム酸イオンの濃度はいくらか？　クロム酸銀の溶解度積は以下の値を用いよ．

$$K_{\mathrm{sp}}(Ag_2CrO_4) = [Ag^+]^2\,[CrO_4{}^{2-}] = 1.1 \times 10^{-12}$$

(3) (1) と (2) の結果に基づいて，正確な定量のためにどのような補正が必要かを述べよ．

(4) 下線③の現象の理由を沈殿の性質に基づいて 70 字程度で述べよ．

(5) 下線④のようにして目的成分を定量する方法を一般に何というか？

(6) 下線⑤に関して，チオシアン酸イオンは S または N 原子を介して金属イオンに配位する．この錯体ではどちらの原子が Fe^{3+} に配位すると考えられるか？　その理由とともに 40 字程度で答えよ．

(7) 試料溶液に塩化物イオンとヨウ化物イオンが含まれる場合，これらの方法による終点の測定値から何が求められるか？ ただし，ヨウ化銀の溶解度積は

$$K_{sp}(AgI) = [Ag^+]\,[I^-] = 1.0 \times 10^{-16}$$

である．また，この滴定において特に注意すべきことは何か？

16

天然水中の金は定量が難しい．その原因は，金イオンの濃度がきわめて低く，置換不活性であり，および以下のように酸化還元反応が複雑であるからだ．金イオンは3価または1価であり，それらの酸化還元反応は以下のようである．

$$Au^+ + e^- \rightleftharpoons Au \qquad E^\circ(Au^+/Au) = 1.69\ V \qquad (*1)$$

$$Au^{3+} + 2e^- \rightleftharpoons Au^+ \qquad E^\circ(Au^{3+}/Au^+) = 1.41\ V \qquad (*2)$$

よって，Au^+ と Au^{3+} は強い［ア］剤であり，いろいろな還元性化合物によって金属にまで［イ］される．

また，Au^{3+} が直接金属に還元される次の反応も起こりうる．

$$Au^{3+} + 3e^- \rightleftharpoons Au \qquad (*3)$$

この反応の標準酸化還元電位 E° は，式 (*1) と式 (*2) の標準反応ギブズエネルギー

$$\Delta G^\circ = -nFE^\circ$$

に基づいて求められる．

さらに，式 (*1) と式 (*2) が組み合わさって次の［ウ］反応も起こりうる．

$$3Au^+ \longrightarrow 2Au + Au^{3+} \qquad (*4)$$

(1) 空欄［ア］～［ウ］に入る適切な語句を記せ．

(2) 反応 (*3) の E° の値を求めよ．

(3) 反応 (*4) の ΔG° の値を求めよ．ただし，$F = 96485$ C/mol である．

(4) 溶液中に塩化物イオンが共存する場合，Au^+ と Au^{3+} はそれぞれ錯体 $AuCl_2{}^-$ と $AuCl_4{}^-$ を生成する．

$$\beta(AuCl_2{}^-) = \frac{[AuCl_2{}^-]}{[Au^+]\,[Cl^-]^2} = 10^9$$

$$\beta(AuCl_4{}^-) = \frac{[AuCl_4{}^-]}{[Au^{3+}]\,[Cl^-]^4} = 10^{20}$$

半反応 (*1) と半反応 (*2) の酸化還元電位 E はそれぞれどのようになるか？

17

ビーカーAに銀の半電池をつくる．銀の半反応，標準酸化還元電位，およびネルンストの式は以下のようである．

$$\mathrm{Ag^+ + e^- \rightleftharpoons Ag} \qquad E^\circ(\mathrm{Ag}) = 0.799\ \mathrm{V}$$

$$E = E^\circ(\mathrm{Ag}) - 0.0592 \log \frac{1}{[\mathrm{Ag^+}]} \tag{$*1$}$$

ここにアンモニアが共存する場合を考える．銀アンミン錯体の生成定数は以下のようである．

$$K_1 = \frac{[\mathrm{Ag(NH_3)^+}]}{[\mathrm{Ag^+}]\,[\mathrm{NH_3}]} = 2.5 \times 10^3$$

$$K_2 = \frac{[\mathrm{Ag(NH_3)_2{}^+}]}{[\mathrm{Ag(NH_3)^+}]\,[\mathrm{NH_3}]} = 1.0 \times 10^4$$

Ag^+ の分率 α_0 を次式で定義する．

$$\alpha_0 = \frac{[\mathrm{Ag^+}]}{C} \tag{$*2$}$$

ここで，C は銀イオンの全濃度である．分率 α_0 はアンモニア濃度の関数である．

$$\alpha_0 = \boxed{\text{ア}}$$

式 $(*2)$ を式 $(*1)$ に代入して変形すると，

$$E = \boxed{\text{イ}} - 0.0592 \log \frac{1}{C}$$

となる．［イ］は見掛け電位と呼ばれ，アンモニア濃度の関数である．

ビーカーBには，クロムの半電池をつくる．クロムの半反応，標準酸化還元電位，およびネルンストの式は以下のようである．

$$\mathrm{Cr_2O_7{}^{2-} + 14H^+ + 6e^- \rightleftharpoons 2Cr^{3+} + 7H_2O} \qquad E^\circ(\mathrm{Cr}) = 1.33\ \mathrm{V}$$

$$E = \boxed{\text{ウ}} - \frac{0.0592}{6} \log \frac{[\mathrm{Cr^{3+}}]^2}{[\mathrm{Cr_2O_7{}^{2-}}]}$$

すなわち，この半反応の見掛け電位［ウ］は $\mathrm{pH} = -\log[\mathrm{H^+}]$ の関数である．

(1) 空欄［ア］〜［ウ］に入る適切な式を記せ．

(2) ビーカーAでは $[\mathrm{NH_3}] = 0.030\ \mathrm{M}$ とする．ビーカーBでは $\mathrm{pH} = 1.0$ とする．それぞれのビーカーの見掛け電位を計算せよ．

(3) (2) の条件で，ビーカーAとビーカーBでガルバニ電池を組み立てる．初期条件で銀の全濃度および $Cr_2O_7{}^{2-}$ と Cr^{3+} の濃度はすべて 0.0010 M であった．電池電圧を求めよ．また，自発反応の化学式を書け．

18

ガルバニ電池に関して，以下の問に答えよ．なお，温度は 25 ℃ で，すべての化学種について活量係数は 1 とする．

(1)　次式は水素電極と飽和カロメル電極により構成されたガルバニ電池を表す．

$$\mathrm{Pt,\ H_2(1\,atm)\ |\ HA(0.10\,mol/L)\ \|\ KCl(飽和),\ Hg_2Cl_2\ |\ Hg}$$

水素電極の水溶液は，酸 HA の 0.10 mol/L 溶液である．この電池の電池電圧は 0.424 V であった．酸 HA の酸解離定数を求めよ．ただし，飽和カロメル電極の電極電位は 0.241 V とする．

(2)　次式は亜鉛電極と標準水素電極により構成されたガルバニ電池を表す．

$$\mathrm{Zn\ |\ Zn^{2+}(0.020\,mol/L),\ pH = 4.00\ \|\ H^+(1.0\,mol/L)\ |\ H_2(1\,atm),\ Pt}$$

(i)　この電池の電池電圧を計算せよ．次の半反応と標準酸化還元電位を用いよ．

$$\mathrm{Zn^{2+} + 2e^-} \rightleftharpoons \mathrm{Zn} \qquad E^\circ = -0.763\ \mathrm{V}$$

(ii)　ニトリロ三酢酸（L）は Zn^{2+} と 1 : 1 錯体 ZnL^- をつくる．亜鉛電極の水相にニトリロ三酢酸を濃度 0.020 mol/L まで加えると電池電圧は 0.864 V となった．この条件における錯体 ZnL^- の条件付き生成定数 K' を求めよ．

19

ヨウ素の主な酸化数は，−1, 0, および +5 である．I_2 と IO_3^- の半反応と標準酸化還元電位は以下のとおりである．

$$\mathrm{I_2 + 2e^-} \rightleftharpoons \mathrm{2I^-} \qquad E^\circ = 0.620\ \mathrm{V} \qquad (*1)$$

$$\mathrm{2IO_3^- + 12H^+ + 10e^-} \rightleftharpoons \mathrm{I_2 + 6H_2O} \qquad E^\circ = 1.20\ \mathrm{V} \qquad (*2)$$

H^+ を含む半反応の酸化還元電位は pH に依存する．反応 (*2) について，H_2O の活量が 1 であり，その他の化学種 X の活量はモル濃度 [X] で近似できるとすると，ネルンストの式は次のように書ける．

$$E = 1.20 - \frac{0.0592}{10} \times 12 \times \mathrm{pH} - \boxed{\text{ア}}$$

ここで

$$E^{\circ\prime} = 1.20 - \frac{0.0592}{10} \times 12 \times \mathrm{pH}$$

を見掛け電位と呼ぶ．また，O_2 の半反応と標準酸化還元電位は次のとおりである．

$$\mathrm{O_2 + 4H^+ + 4e^-} \rightleftharpoons \mathrm{2H_2O} \qquad E^\circ = 1.23\ \mathrm{V} \qquad (*3)$$

(1)　ヨウ素酸化滴定は，反応 (∗1) を利用する．しかし，I_2 は水に難溶である．ヨウ素標準液を調製するにはどのような工夫をするかを説明せよ．

(2)　空欄 ア に入る適切な式を記せ．

(3)　pH = 8.0 における反応 (∗2) および反応 (∗3) の見掛け電位 E' (V) を求めよ．

(4)　pH = 8.0 において，以下の二つの系に対する自発反応の化学式を書け．自発反応の向きを片矢印で示すこと．

　(i)　I_2, I^- および O_2 が共存する系

　(ii)　IO_3^-, I_2 および O_2 が共存する系

(5)　(4) の結果を踏まえて，空気で飽和した pH = 8.0 の溶液において，熱力学的に最も安定なヨウ素の化学種を推定せよ．

20

過マンガン酸イオンによる亜ヒ酸の滴定に関して，以下の問に答えよ．関係する半反応と標準酸化還元電位は以下のようである．

$$MnO_4^- + 8H^+ + 5e^- \rightleftharpoons Mn^{2+} + 4H_2O \qquad E^\circ(\mathrm{Mn}) = 1.51\ \mathrm{V}$$

$$H_3AsO_4 + 2H^+ + 2e^- \rightleftharpoons H_3AsO_3 + H_2O \qquad E^\circ(\mathrm{As}) = 0.56\ \mathrm{V}$$

反応

$$a\mathrm{Ox} + m\mathrm{H}^+ + ne^- \rightleftharpoons b\mathrm{Red} + \frac{m}{2}\mathrm{H_2O}$$

に対するネルンストの式は次式を用いよ．

$$E = E^\circ \qquad \frac{0.0592}{n} \log \frac{[\mathrm{Red}]^b}{[\mathrm{Ox}]^a\,[\mathrm{H}^+]^m}$$

(1)　この滴定反応の全反応式を書け．

(2)　上の全反応式の平衡定数 K° は次式で表されることを導け．

$$\log K^\circ = \frac{10}{0.0592}\left\{E^\circ(\mathrm{Mn}) - E^\circ(\mathrm{As})\right\}$$

(3)　0.010 M H_3AsO_4 溶液 50.0 mL を 0.010 M $KMnO_4$ 溶液で滴定する．半当量点および当量点における溶液の電位を求めよ．ただし，$[H^+] = 0.10$ M と仮定する．

(4)　$KMnO_4$ 溶液の滴下量を横軸に，溶液の電位を縦軸にとって，滴定曲線の概略を描け．(3) の結果を図示すること．

21

以下の操作 1〜3 で溶存酸素を定量した.

操作 1：ガラス瓶に入った試料水 100 mL に 2.0 mol/L 硫酸マンガン水溶液, 12 mol/L 水酸化ナトリウム水溶液，1.0 mol/L ヨウ化ナトリウム水溶液をそれぞれ 1.0 mL ずつ加え，空気が入らないように栓をし，よくかき混ぜる．このとき，水酸化マンガン $Mn(OH)_2$ が沈殿する．$Mn(OH)_2$ は試料水の溶存酸素と反応し，$MnO(OH)_2$ となる.

$$2Mn(OH)_2(s) + O_2 \longrightarrow 2MnO(OH)_2(s)$$

操作 2：次に，試料に 18 mol/L 硫酸 1.0 mL を加えてかくはんすると，$MnO(OH)_2$ によってヨウ化物イオン I^- が酸化され，三ヨウ化物イオン I_3^- が生じる.

$$MnO(OH)_2(s) + 4H^+ + 3I^- \longrightarrow Mn^{2+} + I_3^- + 3H_2O$$

操作 3：最後に，試料溶液をチオ硫酸ナトリウム水溶液で滴定する．この滴定の指示薬には [ア] が用いられる．関係する半反応式は以下のようである.

$$I_3^- + 2e^- \rightleftharpoons 3I^-$$
$$S_4O_6^{2-} + 2e^- \rightleftharpoons 2S_2O_3^{2-}$$

この滴定に 1.005×10^{-2} mol/L チオ硫酸ナトリウム水溶液を用いたとき，終点は 11.06 mL であった．操作 1 で生じた $MnO(OH)_2$ は [イ] mol である．よって，もとの試料水の溶存酸素濃度は，[ウ] mol/L である.

滴定に用いるチオ硫酸ナトリウム水溶液は，あらかじめ標定する必要がある．三ヨウ化物イオンによるチオ硫酸ナトリウム水溶液の標定を考える．三ヨウ化物イオンは，ヨウ素酸カリウム KIO_3（式量 214.0 g/mol）と過剰のヨウ化カリウム KI（式量 166.0 g/mol）を①酸性溶液中で反応させることで定量的に得られる.

ヨウ素酸カリウム 1.026 g を水に溶かし全量を 1000 mL とし, その溶液から 10.00 mL を三角フラスコに分取した．これにヨウ化カリウム 0.2 g と 0.5 mol/L 硫酸 1.0 mL を加え，完全に溶解させた．反応により三角フラスコ内には，[エ] mol の三ヨウ化物イオンが生じる．この溶液をチオ硫酸ナトリウム水溶液で滴定したとき，終点までに [オ] mL を要した．よって, チオ硫酸ナトリウム水溶液の濃度は 1.005×10^{-2} mol/L である.

(1) 下線①について，適切な反応式を書け.

(2) 空欄 [ア] 〜 [オ] に入る適切な語句または数値を答えよ.

(3) 操作 3 の滴定は，迅速に行う必要がある．その理由を述べよ.

22

①電気化学セルは，ガルバニセルと電解セルに大別できる．ガルバニセルでは，化学反応が自発的に進行し，電気エネルギーを生じる．ガルバニセルは電極電位の測定やポテンシオメトリーなどに用いられる．

ガルバニセルにおいて電極電位は［ア］に対して測定される．［ア］は，少量の電流が流れても電位がほとんど変化しない．最も基本的なのは，水素電極である．その電位は，次の反応によって決まる．

$$2H^+ + 2e^- \rightleftharpoons H_2$$

この反応に含まれるすべての化学種が単位活量である電極は標準水素電極（NHE）と呼ばれ，その電位は規約により 0 V と定められている．

多くの実験ではもっと扱いやすい［ア］が用いられる．例えば，銀–塩化銀電極は次の反応に基づく．

$$AgCl + e^- \rightleftharpoons Ag + Cl^-$$

この電極の電位（V）は，次の［イ］に従う．

$$E = 0.222 - 0.0592 \times \log a(Cl^-)$$

ここで $a(Cl^-)$ は塩化物イオンの活量である．

ポテンシオメトリーの代表例は，ガラス電極による pH 測定である．一般に，ガラス電極ではガラス膜の内部に銀–塩化銀電極がある．この内部［ア］およびもう一つの外部［ア］を用いて，ガラス膜の電位を測定する．ガラス電極を試料水に浸すと，試料水の pH に応じてガラス膜の外部表面で②H^+ イオンが吸着または脱離し，ガラス膜の電位が変化する．ガラス電極の電位は，［イ］に似た次式で表される．

$$E = b - c \times 0.0592 \times \mathrm{pH}$$

ここで b と c は，装置や条件に依存する定数である．理想的には c は 1 である．ガラス電極の利用に先立って二つの標準液を用いて装置を較正するのは，上式の b と c を求めることに相当する．酸性の pH 測定には，③pH 7 標準液（0.025 mol/kg KH_2PO_4 と 0.025 mol/kg Na_2HPO_4 を含む混合溶液）および pH 4 標準液（0.05 mol/kg フタル酸水素カリウム $C_6H_4(COOH)(COOK)$ 溶液）がよく用いられる．

(1) 下線①を参考に，電解セルの特徴を簡潔に述べよ．

(2) 空欄［ア］と［イ］に入る適切な語句を記せ．

(3) 飽和 KCl 溶液（$a(Cl^-) = 2.8$）を用いた銀–塩化銀電極と反応

$$PtCl_6{}^{2-} + 2e^- \rightleftharpoons PtCl_4{}^{2-} + 2Cl^-$$

が起こる電極 W を接続してガルバニセルをつくると，電極 W がカソードとなった．このガルバニセルの自発反応の化学式を記せ．

(4) (3) のガルバニセルにおいて，電極 W の電位は銀–塩化銀電極に対して 0.534 V であった．電極 W の電位は標準水素電極に対して何 V か？

(5) 下線②について，H^+ イオンが吸着するとき，その他の陽イオンが脱離し，電気的中性が保たれる．このような反応は一般に何と呼ばれるか？

(6) 下線③の二つの標準液は，少量の強酸または強塩基が加えられたとき，pH の変化量が大きく異なる．この理由を説明せよ．

23

ルイスの酸塩基理論によれば，酸は［ア］受容体であり，塩基は［ア］供与体である．この定義によれば錯生成反応において金属イオンは［イ］とみなすことができ，配位子は［ウ］とみなすことができる．ピアソンは酸と塩基の親和性の大小を説明するのに，硬い–軟らかい酸と塩基（HSAB）理論を提唱した．これによれば，Na^+，Mg^{2+} などは［エ］に，I^-, SCN^- などは［オ］に分類される．

吸光光度法を利用して金属イオンの濃度を定量できる．微量の鉄を含む塩酸酸性の試料 20 mL に，10 % 塩酸ヒドロキシルアミン溶液 1 mL，0.1 % 1,10-フェナントロリン溶液 10 mL，2 mol/L 酢酸ナトリウム溶液 5 mL を加え，さらに水を加えて全量を 100 mL とした．光路長 1 cm のセルを用いてこの溶液の吸収極大波長（510 nm）の吸光度を測定したところ 0.265 であった．Fe^{2+} の 1,10-フェナントロリン錯体は赤色を呈し，510 nm におけるモル吸光係数は 1.10×10^4 L/(mol cm) である．

(1) 空欄［ア］～［オ］に入る適切な語句を答えよ．

(2) 試料に塩酸ヒドロキシルアミン溶液および酢酸ナトリウム溶液を加える理由をそれぞれ説明せよ．

(3) 1,10-フェナントロリンの構造式を書け．この配位子が Fe^{2+} と安定な錯体を形成する理由を二つ挙げよ．

(4) 1,10-フェナントロリンは Fe^{2+} とどのような構造の錯体をつくるか？

(5) 定量に吸収極大波長における吸光度を用いる理由を述べよ．

(6) 試料中の鉄の濃度（mol/L）を求めよ．

(7) この分析は金属錯体の電荷移動吸収に基づいている．これが微量金属イオンの定量に有利である理由を説明せよ．

24

金属イオン M と配位子 L の 1 : n 錯体 ML_n（n は正の整数）について考えよう．

錯体 ML_n の吸光度測定により，n を決定する方法に連続変化法がある．M と L の全濃度（mmol/L）の和を一定に保ったまま M と L をさまざまな割合で混合し，錯体 ML_n を生成させ，ML_n の最大吸収波長における吸光度 y を測定する．この波長において ML_n のみが光を吸収し，そのモル吸光係数は ε (L/(mol cm)) であると仮定する．M と L の全濃度をそれぞれ a と b とおけば，以下の式が成り立つ．

$$b < na \text{ のとき，} y = \frac{\varepsilon b \times 10^{-3}}{n}$$

$$b > na \text{ のとき，} y = \boxed{\text{ア}}$$

$b = na$ のとき，y は最大値をとる．表 2 はある実験の結果である．

表 2　M と L の全濃度と吸光度の測定値

a (mmol/L)	0	0.06	0.15	0.2	0.24	0.3	0.42	0.6
b (mmol/L)	0.6	0.54	0.45	0.4	0.36	0.3	0.18	0
y	0	0.595	1.499	1.981	1.783	1.498	0.906	0

(1)　空欄 $\boxed{\text{ア}}$ に入る適切な式を記せ．

(2)　表 2 より，錯体 ML_n の n を求めよ．

(3)　表 2 より，錯体 ML_n のモル吸光係数 ε (L/(mol cm)) を求めよ．

(4)　以下の (i)～(iii) のそれぞれにおいて，錯体 ML_n の全生成定数が大きい順に並べ，その理由を簡単に述べよ．ただし，ox はシュウ酸イオンを表す．

(i)　Co(ox), Ni(ox), Cu(ox)

(ii)　$AgCl_2^-$, $AgBr_2^-$, AgI_2^-

(iii)　$Cu(NH_3)_4^{2+}$, $Cu(NH_2CH_2CH_2NH_2)_2^{2+}$

25

フッ化物イオン濃度が高い水を常用すると，歯や骨のフッ素症を生じる．フッ素症は，水源のカルシウムイオン濃度が低い地域で起こりやすい．これに関して，以下の問に答えよ．

(1)　ホタル石 CaF_2 が沈殿している水におけるフッ化物イオンの平衡濃度（mol/L）を求めよ．ただし，CaF_2 の溶解度積は，次式で表される．

$$K_{sp} = [Ca^{2+}]\,[F^-]^2 = 4.0 \times 10^{-11}$$

(2)　(1) の溶液に 3.0×10^{-2} mol/L の塩化カルシウム $CaCl_2$ を溶解すると，フッ化物イオンの平衡濃度（mol/L）はいくらになるか？

(3)　(2) のように平衡濃度を変化させる効果を何と呼ぶか？

(4)　フッ化物イオンは硬いルイス塩基である．次の各組でフッ化物イオンとより安定な錯体を生じるイオンはどちらか？

(i)　Mg^{2+}, Ba^{2+}

(ii)　Fe^{2+}, Fe^{3+}

(iii)　Y^{3+}, La^{3+}

(5)　フッ化物イオンは，陰イオン交換樹脂を充填したカラムで他の陰イオンと分離し，電気伝導度検出器で定量できる．

(i)　この機器分析法を何と呼ぶか？

(ii)　陰イオンは，カラムから F^-, Cl^-, Br^-, I^- の順に溶出する．この理由を説明せよ．キーワードとして，水和イオン半径を用いること．

26

以下の化合物は分析化学でよく利用される．それぞれの名称と用途を述べよ．

(1)

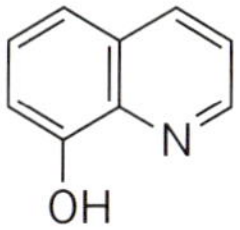

(2)

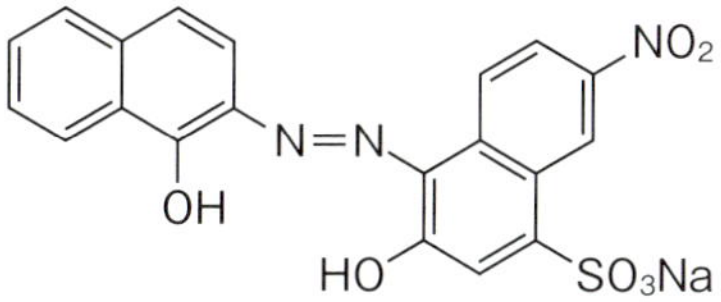

(3)

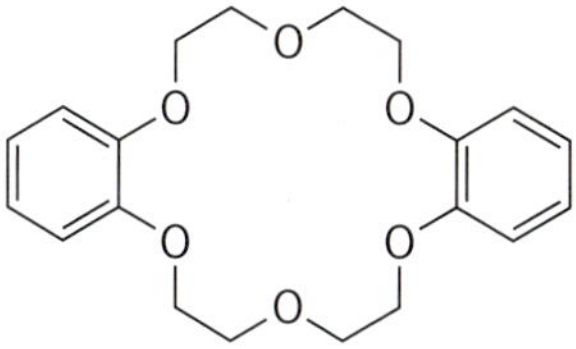

(4)

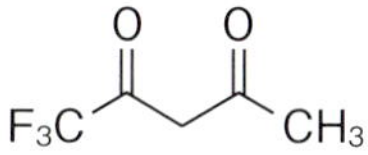

(5) 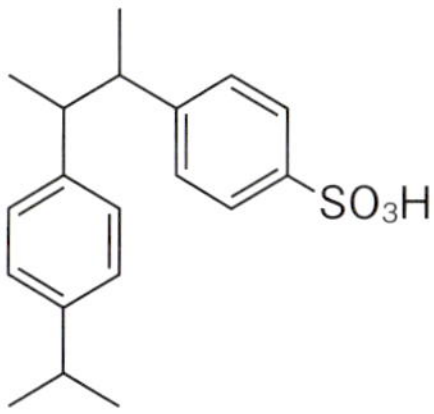　図はポリマーの一部を示す

(6)　図はシリカゲル表面の官能基を示す

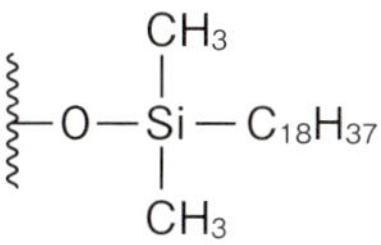

問題解答

1章の問題解答

◆ **問題 1.1** (1)

- 水準器を用いて水平に置く.
- 振動を避ける.
- 熱い試料や冷たい試料は周囲の温度と同じになるまで待つ.
- 測定の際に試料室の扉を閉じる.
- 吸湿性試料や揮発性溶媒を含む試料（水溶液など）を扱う場合は，ふた付きのひょう量瓶などを用いる.
- 基準分銅と試料の密度が大きく異なるときには，浮力による誤差を計算によって補正する.

(2) メスフラスコ（受用），ホールピペット（出用），ビュレット（出用）

(3) 酸化マグネシウムは空気中の水と二酸化炭素を吸収し，これらによる不純物を含むため.

(4) 鉱酸は開放系で加熱すると，共沸混合物へと組成が変化していく．例えば市販品の塩酸は約 36 % であるが，ビーカーに入れてホットプレート上で加熱すると 1 atm において 20.24 %（沸点 110 °C）に近づく.

(5) 硝酸–過酸化水素，硝酸–硫酸，または硝酸–過塩素酸–硫酸の混酸を加え，加熱し，湿式分解を行う．必要であればケルダールフラスコやテフロン製密閉容器などを用いる.

◆ **問題 1.2** (1) ア，3.0E−11； イ，1.5E−12； ウ，10.40； エ，0.10

(2) 標準偏差から A は有効数字の 4 桁目に，B は 3 桁目に不確かさをもつ．ゆえに，A の測定値の有効数字は 4 桁，B のそれは 3 桁と考えるべき.

(3) 系統誤差は A と B それぞれの平均の差に，偶然誤差は A と B それぞれの測定値のばらつき（標準偏差）に現れる.

◆ **問題 1.3** (1) 真数と対数の仮数を同じ桁数の有効数字とするため，仮数を真数と同じ 3 桁として，常用対数は 6.238 である.

(2) 標準偏差は分析値のばらつきの大きさを示し，測定の精度を評価する目安となる.

(3) フッ化水素酸の共沸混合物は 38 %（沸点 111 °C），密度 1.1 g/mL であるので，蒸

発後のモル濃度は

$$\frac{0.38 \times 1000\,\mathrm{mL/L} \times 1.1\,\mathrm{g/mL}}{(1.01 + 19.00)\,\mathrm{g/mol}} = 20.9\,\mathrm{M}$$

である．よって，HF の量は最初の

$$\frac{20.9\,\mathrm{M} \times 0.5\,\mathrm{mL}}{0.5\,\mathrm{M} \times 25\,\mathrm{mL}} = 0.84\,\text{倍}$$

である．

(4) 原理的に pH は 0〜14 の範囲に限られない．ガラス電極による pH 測定は，アルカリ誤差と酸誤差が生じるので 1〜11 の範囲外では不正確である．

(5) 測定波長領域である紫外部に吸収がない石英セルを用いるのが適当である．

◆ **問題 1.4** ア，水和； イ，1； ウ，イオン雰囲気； エ，大きく

◆ **問題 1.5** (1) 化学反応式

$$\mathrm{AB} \rightleftharpoons \mathrm{A^+ + B^-}$$

において A^+ と B^- の活量係数が 1 であることから，モル濃度平衡定数は熱力学平衡定数に等しい．$[A^+] = [B^-] = x$ とすると，

$$[\mathrm{AB}] = 5.0 \times 10^{-3} - x$$

であるが，$5.0 \times 10^{-3} \gg x$ と仮定すると，

$$K = \frac{[\mathrm{A^+}]\,[\mathrm{B^-}]}{[\mathrm{AB}]} = \frac{x \times x}{5.0 \times 10^{-3}} = 3.0 \times 10^{-9}$$

$$\therefore \quad x^2 = 15 \times 10^{-12}$$

$$\therefore \quad x = [\mathrm{A^+}] = [\mathrm{B^-}] = 3.9 \times 10^{-6}\,\mathrm{mol/L}\ (\ll 5.0 \times 10^{-3})$$

(2) このイオン強度におけるモル濃度平衡定数を計算する．

$$K = \frac{f_{\mathrm{AB}}}{f_{\mathrm{A^+}} \times f_{\mathrm{B^-}}} K^\circ = \frac{1}{0.60 \times 0.50} \times 3.0 \times 10^{-9} = 1.0 \times 10^{-8}$$

このモル濃度平衡定数を用いて (1) と同様に計算すると，

$$K = \frac{[\mathrm{A^+}]\,[\mathrm{B^-}]}{[\mathrm{AB}]} = \frac{x \times x}{5.0 \times 10^{-3}} = 1.0 \times 10^{-8}$$

$$\therefore \quad x^2 = 5.0 \times 10^{-11}$$

$$\therefore \quad x = 7.1 \times 10^{-6}\,\mathrm{mol/L}\ (\ll 5.0 \times 10^{-3})$$

2章の問題解答

◆ **問題 2.1** (1) 求める $[OCl^-]$ の平衡濃度を x とすると，各化学種の濃度は，

	[HOCl]	$[H^+]$	$[OCl^-]$
初濃度（mol/L）	5×10^{-4}	0	0
平衡濃度（mol/L）	$5 \times 10^{-4} - x$	x	x

HOCl の熱力学的酸解離定数 K_a° は，

$$K_a^\circ = 10^{-7.53} = 3.0 \times 10^{-8}$$

無電荷の HOCl の活量係数は 1 とみなせるので，熱力学的酸解離定数 K_a° とモル濃度酸解離定数 K_a は次式の関係となる．

$$K_a = \frac{[H^+]\,[OCl^-]}{[HOCl]} = \frac{1}{f_\pm^2} K_a^\circ$$

x は 5×10^{-4} に比べて無視できるほど小さいと仮定すると，

$$K_a = \frac{x \times x}{5 \times 10^{-4}} = \frac{3.0 \times 10^{-8}}{f_\pm^2}$$

$$\therefore \quad x^2 = \frac{3.0 \times 10^{-8} \times 5 \times 10^{-4}}{f_\pm^2} = \frac{15 \times 10^{-12}}{f_\pm^2}$$

$$\therefore \quad x = \frac{3.9 \times 10^{-6}}{f_\pm}$$

$f_\pm = 1.0$ では，$x = 3.9 \times 10^{-6}$ mol/L（$\ll 5 \times 10^{-4}$ mol/L）

(2) (1) より，$f_\pm = 0.80$ では，

$$x = \frac{3.9 \times 10^{-6}}{f_\pm} = \frac{3.9 \times 10^{-6}}{0.80} = 4.9 \times 10^{-6} \text{ mol/L}$$

(3) 共存イオン効果．電解質溶液は電気的に中性であるが，微細に見ると陽イオンと陰イオンの分布は均一ではなく，電気的引力と斥力のために陽イオンは陰イオンの近くに見出される確率が高く，陰イオンは陽イオンの近くに見出される確率が高い．時間平均すると，中心イオンの電荷と大きさが等しく，符号が反対の正味の電荷をもつイオン雰囲気と呼ばれる球が形成される．このイオン雰囲気が中心イオンの電荷を遮へいし，その活量を減少させる．その結果，酸の解離が進む．

◆ **問題 2.2** (1) 水平化効果

(2) 7.0×10^{-4} M 強酸溶液では水の自己プロトリシスは無視できるので，

$$\mathrm{pH} = -\log(7.0 \times 10^{-4}) = 3.15$$

(3) 7.0×10^{-8} M 強酸溶液では水の自己プロトリシスを無視できない．$HClO_4$ の全濃度を C とおくと物質収支より，

$$[ClO_4^-] = C$$

電荷均衡より，

$$[H^+] = [OH^-] + [ClO_4^-] = K_w[H^+]^{-1} + C$$

$[H^+]$ を x とおき，上式を整理すると，

$$x^2 - Cx - K_w = 0$$

二次方程式の解の公式より，

$$x = \frac{C + \sqrt{C^2 + 4K_w}}{2} = \frac{7.0 \times 10^{-8} + \sqrt{(7.0 \times 10^{-8})^2 + 4 \times 10^{-14}}}{2} = 1.4 \times 10^{-7}$$

$$\therefore \quad pH = -\log(1.4 \times 10^{-7}) = 6.85$$

(4) 強酸の濃厚溶液では，溶質に対して水分子が大多数でなくなり，イオンの一部が脱溶媒和される．その結果，イオンの反応性が増大し，イオンの活量が増加する．

◆ **問題 2.3** (1) 分率を $[H^+]$ の関数として表すと，

$$\alpha_0 = \frac{[H^+]^2}{[H^+]^2 + K_{a1}[H^+] + K_{a1}K_{a2}}$$

$$\alpha_1 = \frac{K_{a1}[H^+]}{[H^+]^2 + K_{a1}[H^+] + K_{a1}K_{a2}}$$

$$\alpha_2 = \frac{K_{a1}K_{a2}}{[H^+]^2 + K_{a1}[H^+] + K_{a1}K_{a2}}$$

$\alpha_0 = \alpha_1$ のとき，

$$[H^+]^2 = K_{a1}[H^+] \qquad \therefore \quad [H^+] = K_{a1} \qquad \therefore \quad pH = pK_{a1} = 2.85$$

$\alpha_1 = \alpha_2$ のとき，

$$K_{a1}[H^+] = K_{a1}K_{a2} \qquad \therefore \quad [H^+] = K_{a2} \qquad \therefore \quad pH = pK_{a2} = 5.70$$

(2) $HOOCCH_2COONa$（NaHA）の全濃度を C とおくと，物質収支より，

$$C = [H_2A] + [HA^-] + [A^{2-}] = [Na^+]$$

電荷均衡より，

$$[Na^+] + [H^+] = [OH^-] + [HA^-] + 2[A^{2-}]$$

これら 2 式から，

$$[H_2A] + [H^+] = [OH^-] + [A^{2-}] \qquad (*)$$

この式で $[H^+]$ と $[OH^-]$ を無視できるとすると，

$$[H_2A] = [A^{2-}]$$

$$\alpha_0 C = \alpha_2 C \qquad \therefore \quad \alpha_0 = \alpha_2$$

$$\therefore \quad [H^+]^2 = K_{a1}K_{a2} \qquad \therefore \quad [H^+] = \sqrt{K_{a1}K_{a2}}$$

したがって

$$\mathrm{pH} = \frac{\mathrm{p}K_{a1} + \mathrm{p}K_{a2}}{2} = \frac{2.85 + 5.70}{2} = 4.28$$

二塩基酸の一ナトリウム塩の水溶液の pH は，$\mathrm{p}K_{a1}$ と $\mathrm{p}K_{a2}$ の平均となる．

［参考］　酸性であるので，式 (∗) で $[H^+]$ を無視せずに解いてみよう．この水溶液で優勢な化学種は NaHA の解離で生じた HA^- であるので，$[HA^-] \gg [H_2A], [A^{2-}]$ とみなせる．分率の分母を $K_{a1}[H^+]$ と近似すると，

$$\alpha_0 C + [H^+] = \alpha_2 C \qquad \therefore \quad \frac{[H^+]^2}{K_{a1}[H^+]}C + [H^+] = \frac{K_{a1}K_{a2}}{K_{a1}[H^+]}C$$

$$\therefore \quad \left(\frac{C}{K_{a1}} + 1\right)[H^+] = \frac{K_{a2}C}{[H^+]} \qquad \therefore \quad [H^+]^2 = \frac{K_{a2}C}{\dfrac{C}{K_{a1}} + 1}$$

$$\therefore \quad [H^+] = \sqrt{\frac{10^{-5.70} \times 0.010}{\dfrac{0.010}{10^{-2.85}} + 1}} = 5.0 \times 10^{-5}$$

したがって

$$\mathrm{pH} = -\log(5.0 \times 10^{-5}) = 4.30$$

よって，小数第二位に誤差のある近似計算では，式 (∗) で $[H^+]$ を無視してよい．

(3)

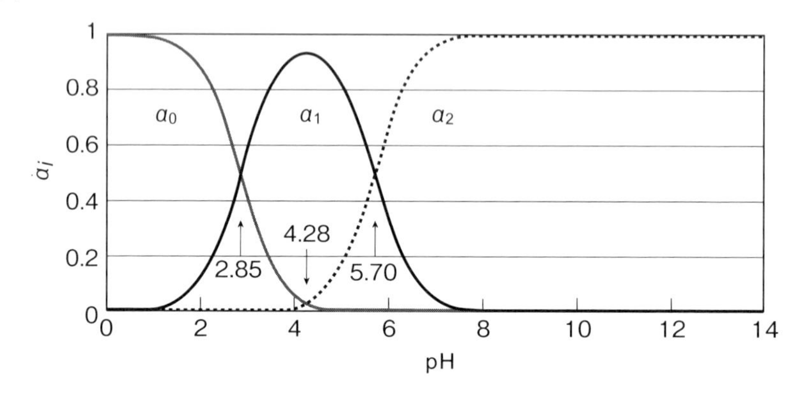

(4) NaHA を x mL，Na_2A を y mL 混合して 100 mL にする．HA^- と A^{2-} の平衡濃度は近似的に次式となる．

$$[HA^-] = \frac{0.010\ \mathrm{M} \times x\ \mathrm{mL}}{100\ \mathrm{mL}}, \quad [A^{2-}] = \frac{0.010\ \mathrm{M} \times y\ \mathrm{mL}}{100\ \mathrm{mL}}$$

ヘンダーソン–ハッセルバルヒの式より，

$$\mathrm{pH} = \mathrm{p}K_{a2} + \log\frac{[A^{2-}]}{[HA^-]} = 5.70 + \log\frac{y}{x}$$

$\mathrm{pH} = 6.00$, $x + y = 100$ を代入して，

$$6.00 = 5.70 + \log\frac{100-x}{x} \qquad \therefore\ \log\frac{100-x}{x} = 0.30$$

$$\therefore\ \frac{100-x}{x} = 2.0 \qquad \therefore\ x = \frac{100}{2.0+1} = 33\ \mathrm{mL} \qquad \therefore\ y = 100 - 33 = 67\ \mathrm{mL}$$

よって，0.010 M $HOOCCH_2COONa$ 溶液 33 mL と 0.010 M $NaOOCCH_2COONa$ 溶液 67 mL を混合する．

◆ **問題 2.4** (1) KCl は強酸と強塩基の塩であるため，もとの pH は 7.00 である．加えた強酸 HCl は完全解離して，その濃度が pH を決定すると考えると，

$$\mathrm{pH} = -\log\frac{0.010 \times 5}{100 + 5} = -\log 0.00048 = 3.32$$

よって pH 変化は，$\Delta\mathrm{pH} = 3.32 - 7.00 = -3.68$

(2) 酢酸を HA と表す．もとの溶液は緩衝液で，$[HA] = [A^-]$ である．ヘンダーソン–ハッセルバルヒの式により，

$$\mathrm{pH} = \mathrm{p}K_a = 4.75$$

HCl を加えると，次の中和反応が起こる．

$$OAc^- + HCl \longrightarrow HOAc + Cl^-$$

それぞれの化学種の平衡濃度は，

	[HA]	$[A^-]$
平衡濃度（M）	$\dfrac{0.050 \times 100 + 0.010 \times 5}{100 + 5}$	$\dfrac{0.050 \times 100 - 0.010 \times 5}{100 + 5}$

ヘンダーソン–ハッセルバルヒの式に当てはめると，

$$\mathrm{pH} = \mathrm{p}K_a + \log\frac{[A^-]}{[HA]} = 4.75 + \log\frac{4.95}{5.05} = 4.74$$

よって pH 変化は，$\Delta\mathrm{pH} = 4.74 - 4.75 = -0.01$

◆ **問題 2.5** (1) 酢酸（HA）の水溶液では，電荷均衡より，

$$[H^+] = [OH^-] + [A^-]$$

2

$[OH^-]$ は無視できるほど小さいので,

$$[H^+] = [A^-] = \alpha_1 C$$

また，弱酸水溶液では $[HA] \gg [A^-]$ とみなせるので分率 $\alpha_1 = \dfrac{[A^-]}{[HA]}$ と近似すると,

$$[H^+] = \frac{[A^-]}{[HA]} C = \frac{K_a}{[H^+]} C \quad \therefore \quad [H^+]^2 = K_a C \quad \therefore \quad [H^+] = \sqrt{K_a C}$$

$$\therefore \quad pH = \frac{pK_a - \log C}{2} = \frac{4.75 - \log(1.0 \times 10^{-3})}{2} = 3.88$$

(2)　半当量点の溶液は緩衝液で，$[HA] = [A^-]$ となる．ヘンダーソン–ハッセルバルヒの式より,

$$pH = pK_a + \log \frac{[A^-]}{[HA]} = pK_a = 4.75$$

(3)　当量点の溶液は酢酸ナトリウム水溶液である．酢酸ナトリウム NaA の全濃度を C とすると，物質収支より,

$$C = [HA] + [A^-] = [Na^+]$$

電荷均衡より,

$$[Na^+] + [H^+] = [OH^-] + [A^-]$$

これら 2 式から,

$$[HA] + [H^+] = [OH^-]$$

$[HA] \gg [H^+]$ であるので,

$$[HA] = [OH^-] \quad \therefore \quad \alpha_0 C = \frac{K_w}{[H^+]}$$

また $[A^-] \gg [HA]$ とみなせるので，分率 $\alpha_0 = \dfrac{[HA]}{[A^-]}$ と近似すると,

$$\frac{[HA]}{[A^-]} C = \frac{[H^+]}{K_a} C = \frac{K_w}{[H^+]} \quad \therefore \quad [H^+]^2 = \frac{K_a K_w}{C} \quad \therefore \quad [H^+] = \sqrt{\frac{K_a K_w}{C}}$$

当量点では,

$$C = \frac{1.0 \times 10^{-3}\ \mathrm{M} \times 100\ \mathrm{mL}}{100\ \mathrm{mL} + 100\ \mathrm{mL}} = 5.0 \times 10^{-4}\ \mathrm{M}$$

$$\therefore \quad pH = \frac{pK_a + pK_w + \log C}{2} = \frac{4.75 + 14 + (0.70 - 4)}{2} = 7.73$$

(4)　適当でない．曲線 3 の当量点である pH 7.73 は，フェノールフタレインの変色域下限の pH 8.0 より低く，変色域から外れているため.

◆ **問題 2.6**　(1)　pH 7.59 を変色域に含む，クレゾールレッド，チモールブルーなど.

(2)　この有機酸0.1371 gは，0.1 M NaOH溶液（$f = 1.024$）15.23 mL中のNaOHと等しい物質量のカルボキシ基を含む．有機酸1分子がカルボキシ基を一つもつので，有機酸の分子量MWは次式で求められる．

$$\mathrm{MW} = \frac{0.1371\ \mathrm{g}}{0.1\ \mathrm{M} \times 1.024 \times 15.23\ \mathrm{mL} \times 10^{-3}\ \mathrm{L/mL}} = \frac{0.1371\ \mathrm{g}}{1.560 \times 10^{-3}\ \mathrm{mol}}$$
$$= 87.91\ \mathrm{g/mol}$$

(3)　終点では，有機酸のナトリウム塩の溶液となる．その全濃度C (M)は，

$$C = \frac{1.560 \times 10^{-3}\ \mathrm{mol}}{(15 + 15.23)\ \mathrm{mL} \times 10^{-3}\ \mathrm{L/mL}} = 0.05159\ \mathrm{M}$$

一塩基弱酸の塩の水溶液のpHは問題2.5 (3)のように表されるので，

$$\mathrm{pH} = \frac{\mathrm{p}K_\mathrm{a} + \mathrm{p}K_\mathrm{w} + \log C}{2} = \frac{\mathrm{p}K_\mathrm{a} + 14 + \log 0.05159}{2} = 7.59$$
$$\therefore\ \ \mathrm{p}K_\mathrm{a} = 2 \times 7.59 - 14 + 1.29 = 2.47$$

(4)　分子量87.91に最も近いのはピルビン酸（MW = 88.06）である．また，ピルビン酸は$\mathrm{p}K_\mathrm{a} = 2.48$であり，上記の結果と一致している．

◆ **問題 2.7**　(1)　（ア）チオグリコール酸をH_2Aと表す．滴下量20.0 mLは第一当量点である．ここではNaHAの水溶液となる．問題2.3 (2)と同様にして，

$$\mathrm{pH} = \frac{\mathrm{p}K_\mathrm{a1} + \mathrm{p}K_\mathrm{a2}}{2} = \frac{3.48 + 10.11}{2} = 6.80$$

（イ）滴下量40.0 mLは第二当量点である．ここではH_2Aの水溶液となる．H_2Aの全濃度C (M)は，

$$C = \frac{0.50\ \mathrm{M} \times 20\ \mathrm{mL}}{20\ \mathrm{mL} + 40\ \mathrm{mL}} = 0.17\ \mathrm{M}$$

$\mathrm{p}K_\mathrm{a1}$と$\mathrm{p}K_\mathrm{a2}$の差は6.63であるので，H_2Aを$\mathrm{p}K_\mathrm{a1}$の一塩基酸とみなしてよい．問題2.5 (1)と同様にして，

$$\mathrm{pH} = \frac{\mathrm{p}K_\mathrm{a} - \log C}{2} = \frac{3.48 - \log 0.17}{2} = 2.13$$

(2)　滴定前（0 mL）は，問題文よりpH 11.90である．
第一当量点（20 mL）までの半当量点（10 mL）ではA^{2-}とHA^-が等濃度で存在する緩衝液となるため，ヘンダーソン–ハッセルバルヒの式より，$\mathrm{pH} = \mathrm{p}K_\mathrm{a2}$となる．
同様に第一当量点（20 mL）から第二当量点（40 mL）までの半当量点（30 mL）ではHA^-とA^{2-}が等濃度で存在する緩衝液となるため，$\mathrm{pH} = \mathrm{p}K_\mathrm{a1}$となる．
第二当量点（40 mL）後の50 mLでは，強酸HClの水溶液であるので，その濃度をC'としてpHは次式で得られる．

$$\mathrm{pH} = -\log C' = -\log \frac{0.50 \times (50 - 40)}{20 + 50} = -\log 0.071 = 1.15$$

(1) と以上をまとめると，滴定曲線は以下の点（V mL, pH）を通る曲線となる．

$$(0\ \mathrm{mL},\ 11.90),\ (10\ \mathrm{mL},\ 10.11),\ (20\ \mathrm{mL},\ 6.80),$$
$$(30\ \mathrm{mL},\ 3.48),\ (40\ \mathrm{mL},\ 2.13),\ (50\ \mathrm{mL},\ 1.15)$$

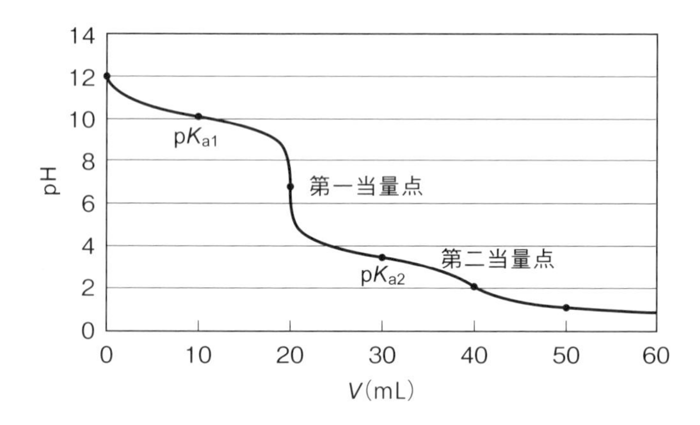

3章の問題解答

◆ **問題 3.1**　(1)　EDTA キレートの生成定数の比較より，$Ca^{2+} > Mg^{2+} > Sr^{2+}$

(2)　アービング–ウイリアムスの系列に従い，$Cu^{2+} > Ni^{2+} > Zn^{2+}$

(3)　18-クラウン-6 はその内孔径が K^+ の大きさに適合しているので，$K^+ > Na^+ > Li^+$

◆ **問題 3.2**　2,2′-ビピリジンは，Fe^{2+} と八面体型 ML_3 キレートを，Cu^+ と四面体型 ML_2 キレートをつくる．6,6′-ジメチル-2,2′-ビピリジンの場合，八面体型 ML_3 キレートでは，6,6′ 位の 2 つのメチル基が隣接する他の配位子 L と立体障害を生じるため，錯生成が妨げられる．一方，四面体型 ML_2 キレートでは，配位子間での空間的な重なりが生じないため，立体障害は起きない．

◆ **問題 3.3**　(1)　ア，5；　イ，5；　ウ，滴定；　エ，マスキング

(2)　海水の pH 8.0 における条件付き生成定数 K' は下式で表される．

$$K' = \alpha_4 K = \frac{[\mathrm{ZnY}^{2-}]}{[\mathrm{Zn}^{2+}]C'}$$

ここで $[\mathrm{ZnY}^{2-}] = [\mathrm{Zn}^{2+}]$ とすると，

$$C' = \frac{1}{\alpha_4 K} = \frac{1}{5.4 \times 10^{-3} \times 3.2 \times 10^{16}} = 5.8 \times 10^{-15}$$

よって，きわめて低濃度の EDTA で Zn^{2+} が錯生成されることがわかる．

(3)

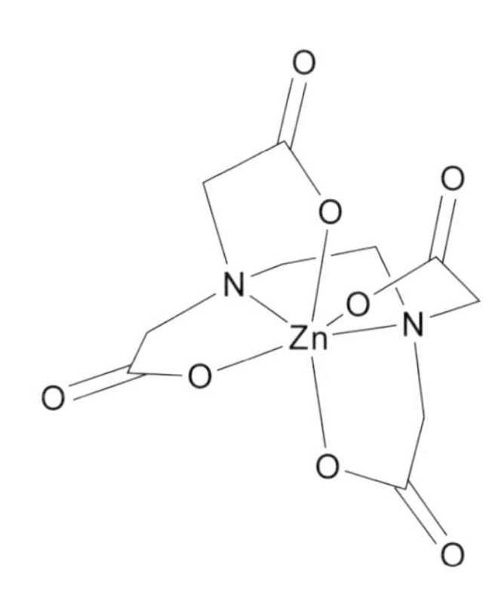

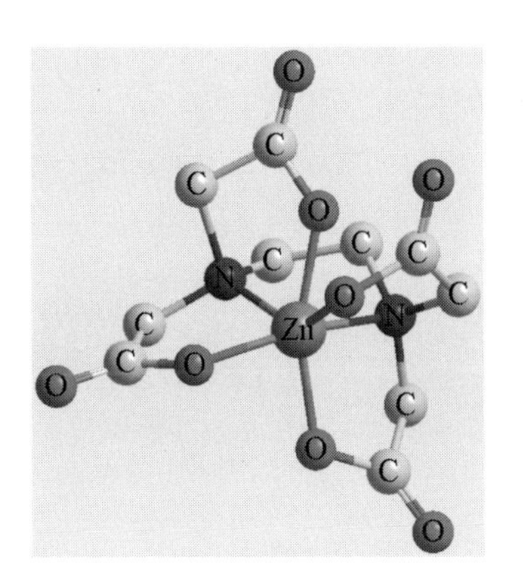

◆ **問題 3.4**

(1)　下式に

$$[\mathrm{H}^+] = 10^{-3},$$
$$K_{\mathrm{a1}} = 1.0 \times 10^{-2}, \quad K_{\mathrm{a2}} = 2.2 \times 10^{-3},$$
$$K_{\mathrm{a3}} = 6.9 \times 10^{-7}, \quad K_{\mathrm{a4}} = 5.5 \times 10^{-11}$$

を代入して，pH 3 における分率 α_4 を求める．

$$\alpha_4 = \frac{K_{\mathrm{a1}}K_{\mathrm{a2}}K_{\mathrm{a3}}K_{\mathrm{a4}}}{[\mathrm{H}^+]^4 + K_{\mathrm{a1}}[\mathrm{H}^+]^3 + K_{\mathrm{a1}}K_{\mathrm{a2}}[\mathrm{H}^+]^2 + K_{\mathrm{a1}}K_{\mathrm{a2}}K_{\mathrm{a3}}[\mathrm{H}^+] + K_{\mathrm{a1}}K_{\mathrm{a2}}K_{\mathrm{a3}}K_{\mathrm{a4}}}$$
$$= 2.5 \times 10^{-11}$$

$K' = \alpha_4 K$ に α_4 と銅イオンとカドミウムイオンの生成定数をそれぞれ代入して，

$$K'(\mathrm{Cu}^{2+}) = 1.6 \times 10^8, \quad K'(\mathrm{Cd}^{2+}) = 8.1 \times 10^5$$

(2)　滴定条件より，滴下量 50 mL で終点となる．終点での金属イオン（M^{2+}）と EDTA の全濃度はいずれも，

$$0.010\ \mathrm{M} \times \frac{50\ \mathrm{mL}}{50\ \mathrm{mL} + 50\ \mathrm{mL}} = 0.0050\ \mathrm{M}$$

大部分の M^{2+} と EDTA は錯生成しているが，わずかに解離した M^{2+} の濃度を x とおくと，錯生成していない EDTA の全濃度 C' も x となる．

	$[\mathrm{M}^{2+}]$	C'	$[\mathrm{MY}^{2-}]$
平衡濃度（M）	x	x	$0.005 - x$

$0.005 \gg x$ と仮定して，条件付き生成定数を表すと，

$$K' = \alpha_4 K = \frac{[\mathrm{MY}^{2-}]}{[\mathrm{M}^{2+}]C'} = \frac{0.0050}{x^2} \qquad \therefore \quad x = \sqrt{\frac{0.0050}{K'}}$$

(1) の条件付き生成定数を代入して,

$$[\mathrm{Cu}^{2+}] = 5.6 \times 10^{-6}\ \mathrm{M}, \quad [\mathrm{Cd}^{2+}] = 7.8 \times 10^{-5}\ \mathrm{M}$$

(3) 金属イオン（M^{2+}）の全濃度に占める平衡濃度 $[M^{2+}]$ の割合を下式で求める.

$$\frac{[\mathrm{Cu}^{2+}]}{0.005} = 0.0011, \quad \frac{[\mathrm{Cd}^{2+}]}{0.005} = 0.016$$

よって Cu^{2+} は有効数字 4 桁での滴定が可能であるが, Cd^{2+} は可能ではない. Cd^{2+} の場合, 終点で全濃度の 98.4 % だけが EDTA と錯生成するので, 有効数字 3 桁目に誤差が現れる.

4

4章の問題解答

◆ **問題 4.1** (1) ${Hg_2}^{2+}$ の平衡濃度（モル溶解度）を x とおくと,

	$[{Hg_2}^{2+}]$	$[Cl^-]$
平衡濃度（M）	x	$2x$

$$K_{\mathrm{sp}} = [{\mathrm{Hg}_2}^{2+}]\,[\mathrm{Cl}^-]^2 = x(2x)^2 = 1.2 \times 10^{-18}$$

$$\therefore \quad x^3 = 0.3 \times 10^{-18} \qquad \therefore \quad x = 6.7 \times 10^{-7}\ \mathrm{M}$$

(2) $[Cl^-]$ は, KCl の寄与と Hg_2Cl_2 の溶解による寄与の和となる. ${Hg_2}^{2+}$ の平衡濃度を x とおくと,

	$[{Hg_2}^{2+}]$	$[Cl^-]$
平衡濃度（M）	x	$3.0 \times 10^{-5} + 2x$

$3.0 \times 10^{-5} \gg 2x$ であるので,

$$K_{\mathrm{sp}} = [{\mathrm{Hg}_2}^{2+}]\,[\mathrm{Cl}^-]^2 = x(3.0 \times 10^{-5})^2 = 1.2 \times 10^{-18}$$

$$\therefore \quad x = 1.3 \times 10^{-9}\ \mathrm{M}$$

(3) 共通イオン効果

(4) $K_{\mathrm{sp}} = f({Hg_2}^{2+})[{Hg_2}^{2+}]f(Cl^-)^2[Cl^-]^2$

3.0×10^{-2} M $NaNO_3$ 溶液中での条件付き溶解度積 K'_{sp} は,

$$K'_{\mathrm{sp}} = \frac{K_{\mathrm{sp}}}{f({\mathrm{Hg}_2}^{2+})f(\mathrm{Cl}^-)^2} = \frac{1.2 \times 10^{-18}}{0.52 \times 0.84^2} = 3.3 \times 10^{-18}$$

(1) と同様にして，

$$K'_{sp} = [Hg_2{}^{2+}]\,[Cl^-]^2 = x(2x)^2 = 3.3 \times 10^{-18}$$

$$\therefore\ x^3 = 0.83 \times 10^{-18} \qquad \therefore\ x = 9.4 \times 10^{-7}\ \mathrm{M}$$

(5) 共存イオン効果

◆ **問題 4.2** (1) 鉛ヨウ化物錯体の生成定数を用いて，

$$[PbI^+] = \beta_1[Pb^{2+}]\,[I^-]$$
$$[PbI_2] = \beta_2[Pb^{2+}]\,[I^-]^2$$
$$[PbI_3{}^-] = \beta_3[Pb^{2+}]\,[I^-]^3$$
$$[PbI_4{}^{2-}] = \beta_4[Pb^{2+}]\,[I^-]^4$$

$$\therefore\ C = [Pb^{2+}]\left(1 + \beta_1[I^-] + \beta_2[I^-]^2 + \beta_3[I^-]^3 + \beta_4[I^-]^4\right)$$

$$\therefore\ \alpha_0 = \frac{[Pb^{2+}]}{C} = \frac{1}{1 + \beta_1[I^-] + \beta_2[I^-]^2 + \beta_3[I^-]^3 + \beta_4[I^-]^4}$$

(2) Pb^{2+} の平衡濃度を x とおくと，

	$[Pb^{2+}]$	$[I^-]$
平衡濃度（M）	x	$2x$

$$K_{sp} = [Pb^{2+}]\,[I^-]^2 = x(2x)^2 = 7.9 \times 10^{-9}$$

$$\therefore\ x = 1.25 \times 10^{-3}\ \mathrm{M} \qquad \therefore\ [I^-] = 2.5 \times 10^{-3}\ \mathrm{M}$$

(3) $[I^-] = 2.5 \times 10^{-3}$ M では Pb^{2+} と PbI^+ だけを考慮すればよいので，

$$\alpha_0 = \frac{1}{1 + \beta_1[I^-]} = \frac{1}{1 + 1.0 \times 10^2 \times 2.5 \times 10^{-3}} = 0.80$$

PbI^+ の生成により，$[Pb^{2+}]$ と $[I^-]$ がどちらも減少するので，ヨウ化鉛の溶解が進む．

(4) (1) の C の式に $[Pb^{2+}] = \dfrac{K_{sp}}{[I^-]^2}$ を代入して，

$$C = \frac{K_{sp}}{[I^-]^2}\left(1 + \beta_1[I^-] + \beta_2[I^-]^2 + \beta_3[I^-]^3 + \beta_4[I^-]^4\right)$$
$$= K_{sp}\left([I^-]^{-2} + \beta_1[I^-]^{-1} + \beta_2 + \beta_3[I^-] + \beta_4[I^-]^2\right)$$

$[I^-] = 1.0 \times 10^{-1}$ M を代入すると，$C = 2.8 \times 10^{-5}$ M.

◆ **問題 4.3** (1) 酸性では $\equiv FeOH_2{}^+$ が生じ，表面電荷は正となる．アルカリ性では $\equiv FeO^-$ が生じ，表面電荷は負となる．

(2) アルカリ金属であるセシウムのイオンの吸着は静電相互作用に支配されるので，酸性ではほとんど起こらず，アルカリ性で強くなると考えられる．

(3) $\equiv FeO^- + M^{2+} \rightleftharpoons \equiv FeOM^+$

(4) 金属イオンの表面錯生成の生成定数は K_1 と直線関係があると考えられている．よって，Zn^{2+} がより多く吸着する．

◆ **問題 4.4** (1) 試料溶液中に含まれる2価の鉄をすべて3価に酸化するため．

(2) ② $Fe(OH)_3 \cdot xH_2O$，④ Fe_2O_3

(3) 沈殿の熟成

- 熟成により結晶の表面積および格子欠陥が減少する．
- 吸着あるいは吸蔵されていた不純物が放出され，純度が高くなる．
- 大きくろ過しやすい沈殿が得られる．

(4) アルミニウム．Al^{3+} は，過剰のアンモニア水で難溶性の $Al(OH)_3$ として沈殿する．

(5) $Ni(C_4H_7N_2O_2)_2$

(6)
- 水酸化物として沈殿させる鉄の重量分析では，同じ条件で沈殿する金属イオンが複数あり，また共存イオンの共沈が起こりやすい．ニッケルの方法では，Ni^{2+} や Pd^{2+} のみが選択的に沈殿し，また共沈が起こりにくいため，沈殿物の純度が高い．
- 沈殿のかさが大きく，粒径が大きくなりろ過しやすい．
- 沈殿物に占める沈殿剤の式量が大きく，目的成分の組成比が小さいために，ひょう量誤差が定量結果に及ぼす影響を小さくすることができる．鉄の重量分析ではひょう量形の分子量は 159.69 であることから，鉄の組成比は

$$\frac{2 \times 55.85}{159.69} = 0.6995$$

である．一方，ニッケルの重量分析では，沈殿の分子量は 288.9 であることから，ニッケルの組成比は

$$\frac{58.69}{288.9} = 0.203$$

である．

◆ **問題 4.5** (1) 逆滴定．目的成分と試薬の反応が遅く，通常の滴定が難しい場合に用いることができる．

(2) 当量点では，それまでに生成した沈殿 AgSCN がモル溶解度の分だけ溶けているので，AgSCN の溶解度を求める．当量点における Ag^+ の濃度を x とすると，

	$[Ag^+]$	$[SCN^-]$
平衡濃度（M）	x	x

$$x^2 = 1.0 \times 10^{-12} \qquad \therefore \quad x = 1.0 \times 10^{-6}\ \mathrm{M}$$

(3) Cl^-．AgSCN の溶解度積 1.0×10^{-12} に比べて，AgCl の溶解度積が 1.0×10^{-10} と大きいため，AgCl の沈殿と SCN^- が次式のように反応するから．

$$AgCl(s) + SCN^- \longrightarrow AgSCN(s) + Cl^-$$

(4) 試料中のリン酸イオン濃度を x M とすると，Ag^+ と SCN^- の物質量は mmol 単位で以下のように表される．

試料に加えた Ag^+ の物質量：$0.9851 \times 0.01\,\mathrm{M} \times 25.00\,\mathrm{mL}$

PO_4^{3-} と反応し沈殿生成した Ag^+ の物質量：$x\,\mathrm{M} \times 25.00\,\mathrm{mL}$

逆滴定で使われた SCN^- の物質量：$1.018 \times 0.01\,\mathrm{M} \times 6.37\,\mathrm{mL}$

試料に加えた Ag^+ のうちで試料中の PO_4^{3-} と反応しなかった過剰の Ag^+ が，逆滴定において SCN^- と反応する．よって次式が成り立つ．

$$0.9851 \times 0.01\,\mathrm{M} \times 25.00\,\mathrm{mL} - x\,\mathrm{M} \times 25.00\,\mathrm{mL} = 1.018 \times 0.01\,\mathrm{M} \times 6.37\,\mathrm{mL}$$

$$\therefore \quad x = \frac{0.9851 \times 0.01\,\mathrm{M} \times 25.00\,\mathrm{mL} - 1.018 \times 0.01\,\mathrm{M} \times 6.37\,\mathrm{mL}}{25.00\,\mathrm{mL}}$$

$$= 7.257 \times 10^{-3}\,\mathrm{M}$$

◆ **問題 4.6** フルオレセイン（$\mathrm{p}K_\mathrm{a} = 6.4$）は陰イオンとして溶解し，溶液に黄緑色蛍光を与える．ハロゲン化銀沈殿は当量点を過ぎると正の電荷をおびる．フルオレセインはこの沈殿に吸着し，赤色を示す．

5章の問題解答

◆ **問題 5.1** (1) （ア）半電池 A に対しネルンストの式を適用して電極電位を求める．

$$E(\mathrm{Ni}) = -0.250 - \frac{0.0592}{2}\log\frac{1}{2.0 \times 10^{-3}}$$

$$= -0.250 - 0.0296 \times 2.70 = -0.330\,\mathrm{V}$$

半電池 B に対しても同様に求める．

$$E(\mathrm{Co}) = -0.277 - \frac{0.0592}{2}\log\frac{1}{5.0 \times 10^{-4}}$$

$$= -0.277 - 0.0296 \times 3.30 = -0.375\,\mathrm{V}$$

ガルバニ電池の電位差は，

$$E(\mathrm{Ni}) - E(\mathrm{Co}) = -0.330\,\mathrm{V} - (-0.375\,\mathrm{V}) = 0.045\,\mathrm{V}$$

（イ）より電位の高い半電池 A がカソードに，より電位の低い半電池 B がアノードになる．

（ウ）$Ni^{2+} + Co \longrightarrow Ni + Co^{2+}$

(2) （ア）(1) と同様にして電極電位をそれぞれ求める．

$$E(\mathrm{Ni}) = -0.250 - \frac{0.0592}{2}\log\frac{1}{3.0 \times 10^{-5}} = -0.250 - 0.0296 \times 4.52 = -0.384\,\mathrm{V}$$

$$E(\mathrm{Co}) = -0.277 - \frac{0.0592}{2}\log\frac{1}{7.0 \times 10^{-3}} = -0.277 - 0.0296 \times 2.16 = -0.341\,\mathrm{V}$$

ガルバニ電池の電位差は,

$$E(\mathrm{Co}) - E(\mathrm{Ni}) = -0.341\ \mathrm{V} - (-0.384\ \mathrm{V}) = 0.043\ \mathrm{V}$$

(イ)より電位の高い半電池Bがカソードに，より電位の低い半電池Aがアノードになる.

(ウ) $\mathrm{Ni} + \mathrm{Co}^{2+} \longrightarrow \mathrm{Ni}^{2+} + \mathrm{Co}$

◆ **問題 5.2** 標準酸化還元電位を比較すると,

$$E^\circ(\mathrm{Fe}^{3+}/\mathrm{Fe}^{2+}) > E^\circ(\mathrm{I_2}/\mathrm{I}^-) > E^\circ(\mathrm{Sn}^{4+}/\mathrm{Sn}^{2+})$$

対象物をヨウ化物イオン I^- で還元するとき, I^- は酸化される．この反応が自発的に進むのは，対象物の酸化還元電位が I^- のそれよりも高いときである．標準状態では, I^-（$E^\circ = 0.620\ \mathrm{V}$）は，より標準酸化還元電位が高い Fe^{3+}（$E^\circ = 0.771\ \mathrm{V}$）を還元できる．全反応式は次式となる.

$$\begin{array}{rcl} 2\mathrm{Fe}^{3+} + 2\mathrm{e}^- & \rightleftharpoons & 2\mathrm{Fe}^{2+} \\ 2\mathrm{I}^- & \rightleftharpoons & \mathrm{I_2} + 2\mathrm{e}^- \\ \hline 2\mathrm{Fe}^{3+} + 2\mathrm{I}^- & \rightleftharpoons & 2\mathrm{Fe}^{2+} + \mathrm{I_2} \end{array}$$

n 個の電子が関与する酸化還元反応に対して次式が成り立つことから,

$$\log K^\circ = \frac{n(E^\circ_{\mathrm{cathode}} - E^\circ_{\mathrm{anode}})}{0.0592} = \frac{2 \times (0.771 - 0.620)}{0.0592} = 5.10$$

$$\therefore\ K^\circ = 1.3 \times 10^5$$

◆ **問題 5.3** (1) 次式により三ヨウ化物イオンが生成するので,

$$\mathrm{I_2} + \mathrm{I}^- \longrightarrow \mathrm{I_3}^-$$

$0.025\ \mathrm{mol/L}\ \mathrm{I_3}^-$ と $0.050 - 0.025 = 0.025\ \mathrm{mol/L}\ \mathrm{I}^-$ が共存する．これらの濃度と $\mathrm{I_3}^-$ の標準酸化還元電位をネルンストの式に代入する.

$$\mathrm{I_3}^- + 2\mathrm{e}^- \rightleftharpoons 3\mathrm{I}^- \qquad E^\circ(\mathrm{I_3}^-/\mathrm{I}^-) = 0.536\ \mathrm{V}$$

$$E = 0.536 - \frac{0.0592}{2}\log\frac{[\mathrm{I}^-]^3}{[\mathrm{I_3}^-]} = 0.536 - \frac{0.0592}{2}\log\frac{(0.025)^3}{0.025} = 0.631\ \mathrm{V}$$

(2) チオ硫酸ナトリウムの半反応式と標準酸化還元電位は，次式で表される.

$$\mathrm{S_4O_6}^{2-} + 2\mathrm{e}^- \rightleftharpoons 2\mathrm{S_2O_3}^{2-} \qquad E^\circ(\mathrm{S_4O_6}^{2-}/\mathrm{S_2O_3}^{2-}) = 0.08\ \mathrm{V}$$

(1) の半反応式と合わせると滴定の全反応式は次式となる.

$$\mathrm{I_3}^- + 2\mathrm{S_2O_3}^{2-} \longrightarrow 3\mathrm{I}^- + \mathrm{S_4O_6}^{2-}$$

当量点での滴下量を x mL とおくと,

$$\frac{0.025\ \mathrm{mol/L} \times 20.00\ \mathrm{mL}}{1} = \frac{0.050\ \mathrm{mol/L} \times x\ \mathrm{mL}}{2}$$

$$\therefore \quad x = \frac{0.025\,\text{mol/L} \times 20.00\,\text{mL} \times 2}{0.050\,\text{mol/L}} = 20\,\text{mL}$$

酸化還元反応の平衡定数 K° は，標準酸化還元電位を用いて次式で得られる．

$$\log K^\circ = \frac{2 \times (0.536 - 0.08)}{0.0592} = 15.41 \qquad \therefore \quad K^\circ = 2.6 \times 10^{15}$$

当量点での I_3^- の平衡濃度を y とおくと，各化学種の平衡濃度は以下のように表される．

	$[I_3^-]$	$[S_2O_3^{2-}]$	$[I^-]$	$[S_4O_6^{2-}]$
平衡濃度（M）	y	$2y$	$\frac{(3 \times 0.025 + 0.025) \times 20}{20 + 20} - 3y$	$\frac{0.025 \times 20}{20 + 20} - y$

y はごく小さいと仮定すると，$[I^-] = 0.050$, $[S_4O_6^{2-}] = 0.0125$.

$$K^\circ = \frac{0.050^3 \times 0.0125}{y \times (2y)^2} = 2.6 \times 10^{15}$$

$$\therefore \quad y^3 = 1.5 \times 10^{-22} \qquad \therefore \quad y = 5.4 \times 10^{-8}\,\text{M}$$

(1) のネルンストの式にこれらの平衡濃度を代入して電極電位 E を求めると，

$$E = 0.536 - \frac{0.0592}{2} \log \frac{(0.050)^3}{5.4 \times 10^{-8}} = 0.44\,\text{V}$$

◆ **問題 5.4** (1) 過剰の KI により次式の反応が起こる．

$$O_3 + 2I^- + 2\,H^+ \longrightarrow I_2 + O_2 + H_2O$$

(2) I_2 が $S_2O_3^{2-}$ により還元され，$S_2O_3^{2-}$ は $S_4O_6^{2-}$ に酸化される．反応式は次式となる．

$$I_2 + 2S_2O_3^{2-} \longrightarrow 2I^- + S_4O_6^{2-}$$

(3) 当量点において $[I_2] = x$, $[I^-] = y$ とする．

$$[I_2] : [S_2O_3^{2-}] = 1 : 2, \quad [I^-] : [S_4O_6^{2-}] = 2 : 1$$

より，

$$[S_2O_3^{2-}] = 2x, \quad [S_4O_6^{2-}] = \frac{y}{2}$$

化学平衡に達するとヨウ素と硫黄のそれぞれの酸化還元電位が等しくなるので，

$$E^\circ(\text{I}) - \frac{0.0592}{2} \log \frac{y^2}{x} = E^\circ(\text{S}) - \frac{0.0592}{2} \log \frac{(2x)^2}{\frac{y}{2}}$$

$$\frac{0.0592}{2} \log \frac{y^2 \frac{y}{2}}{x(2x)^2} = E^\circ(\text{I}) - E^\circ(\text{S})$$

$$3\log\frac{y}{2x} = (0.620-0.008)\frac{2}{0.0592} \qquad \therefore\ \log\frac{y}{2x} = 6.89$$

$$\therefore\ \log\frac{y}{x} = 6.89 + \log 2 = 7.19 \qquad \therefore\ \frac{[\mathrm{I}^-]}{[\mathrm{I}_2]} = \frac{y}{x} = 1.5\times 10^7$$

(4)　目視指示薬にデンプンを用いる．終点はヨウ素デンプン錯体の青色が消失するところ．

(5)　(1) の反応で生じた I_2 の量を x とすると，(2) の反応式より，

$$\frac{x}{1} = \frac{0.0100\ \mathrm{M}\times 3.84\ \mathrm{mL}}{2} \qquad \therefore\ x = 1.92\times 10^{-2}\ \mathrm{mmol} = 1.92\times 10^{-5}\ \mathrm{mol}$$

(1) の反応式では，反応比 $O_3 : I_2 = 1 : 1$ であるから，O_3 の量も x と等しい．よって，オゾン O_3 の量は 1.92×10^{-5} mol となる．

◆ **問題 5.5**　(1)　6 電子が授受されるように半反応式を足し合わせて，全反応式を得る．

$$\begin{array}{rcl} \mathrm{Cr_2O_7}^{2-} + 14\,\mathrm{H}^+ + 6\mathrm{e}^- & \rightleftharpoons & 2\mathrm{Cr}^{3+} + 7\mathrm{H_2O} \\ 6\mathrm{Fe}^{2+} & \rightleftharpoons & 6\mathrm{Fe}^{3+} + 6\mathrm{e}^- \\ \hline \mathrm{Cr_2O_7}^{2-} + 6\mathrm{Fe}^{2+} + 14\,\mathrm{H}^+ & \rightleftharpoons & 2\mathrm{Cr}^{3+} + 6\mathrm{Fe}^{3+} + 7\mathrm{H_2O} \end{array}$$

(2)　ネルンストの式はそれぞれ次式となる．

$$E(\mathrm{Cr}) = E^\circ(\mathrm{Cr}) - \frac{0.0592}{6}\log\frac{[\mathrm{Cr}^{3+}]^2}{[\mathrm{Cr_2O_7}^{2-}]\,[\mathrm{H}^+]^{14}}$$

$$E(\mathrm{Fe}) = E^\circ(\mathrm{Fe}) - \frac{0.0592}{1}\log\frac{[\mathrm{Fe}^{2+}]}{[\mathrm{Fe}^{3+}]}$$

化学平衡に達すると酸化還元電位が等しくなるので，

$$E^\circ(\mathrm{Cr}) - \frac{0.0592}{6}\log\frac{[\mathrm{Cr}^{3+}]^2}{[\mathrm{Cr_2O_7}^{2-}]\,[\mathrm{H}^+]^{14}} = E^\circ(\mathrm{Fe}) - \frac{0.0592}{1}\log\frac{[\mathrm{Fe}^{2+}]}{[\mathrm{Fe}^{3+}]}$$

式を変形してまとめると，

$$\begin{aligned} E^\circ(\mathrm{Cr}) - E^\circ(\mathrm{Fe}) &= \frac{0.0592}{6}\log\frac{[\mathrm{Cr}^{3+}]^2}{[\mathrm{Cr_2O_7}^{2-}]\,[\mathrm{H}^+]^{14}} - \frac{0.0592}{1}\log\frac{[\mathrm{Fe}^{2+}]}{[\mathrm{Fe}^{3+}]} \\ &= \frac{0.0592}{6}\log\frac{[\mathrm{Cr}^{3+}]^2\,[\mathrm{Fe}^{3+}]^6}{[\mathrm{Cr_2O_7}^{2-}]\,[\mathrm{Fe}^{2+}]^6\,[\mathrm{H}^+]^{14}} = \frac{0.0592}{6}\log K^\circ \end{aligned}$$

$$\therefore\ \log K^\circ = \frac{6}{0.0592}\{E^\circ(\mathrm{Cr}) - E^\circ(\mathrm{Fe})\}$$

(3)　当量点での 0.10 M Fe^{2+} 溶液の滴下量を x mL とおくと，

$$\frac{0.030\ \mathrm{M}\times 20.0\ \mathrm{mL}}{1} = \frac{0.10\ \mathrm{M}\times x\ \mathrm{mL}}{6}$$

$$\therefore\ x = \frac{0.030\ \mathrm{mol/L}\times 20.0\ \mathrm{mL}\times 6}{0.10\ \mathrm{M}} = 36\ \mathrm{mL}$$

当量点での $Cr_2O_7{}^{2-}$ の平衡濃度を y とおくと，各成分の平衡濃度は以下のようになる．

	$[Cr_2O_7{}^{2-}]$	$[Fe^{2+}]$	$[Cr^{3+}]$	$[Fe^{3+}]$
平衡濃度（M）	y	$6y$	$\dfrac{2\times 0.030\times 20}{20+36}-2y$	$\dfrac{0.10\times 36}{20+36}-6y$

y はごく小さいとすると，

$$[Cr^{3+}]=0.021\,\mathrm{M},\quad [Fe^{3+}]=0.064\,\mathrm{M}$$

当量点における溶液の電位 1.14 V と平衡濃度を Fe のネルンストの式に当てはめて，

$$E(\mathrm{Fe})=E^\circ(\mathrm{Fe})-\frac{0.0592}{1}\log\frac{[Fe^{2+}]}{[Fe^{3+}]}$$
$$=0.771-\frac{0.0592}{1}\log\frac{6y}{0.064}=1.14$$
$$\therefore\quad \log y=\frac{0.771-1.14}{0.0592}-\log 6+\log 0.064=-8.3$$
$$\therefore\quad y=5\times 10^{-9}$$

したがって

$$[Cr_2O_7{}^{2-}]=5\times 10^{-9}\,\mathrm{M}$$

［別解］ (2) より全反応式の平衡定数 K° は，

$$\log K^\circ=\frac{6\times(1.33-0.771)}{0.0592}=56.66\qquad\therefore\quad K^\circ=4.6\times 10^{56}$$
$$K^\circ=\frac{(0.021)^2\times(0.064)^6}{y\times(6y)^6\times(0.10)^{14}}=4.6\times 10^{56}\qquad\therefore\quad y^7=1.4\times 10^{-58}$$
$$\therefore\quad y=5\times 10^{-9}$$

［参考］ 当量点における溶液の電位 1.14 V と平衡濃度を Cr のネルンストの式に当てはめると，

$$E(\mathrm{Cr})=E^\circ(\mathrm{Cr})-\frac{0.0592}{6}\log\frac{[Cr^{3+}]^2}{[Cr_2O_7{}^{2-}]\,[H^+]^{14}}$$
$$=1.33-\frac{0.0592}{6}\log\frac{(0.021)^2}{y(0.10)^{14}}=1.14$$
$$\therefore\quad \log y=\frac{6\times(1.14-1.33)}{0.0592}+2\log 0.021-14\log 0.10=-8.6$$
$$\therefore\quad y=2.5\times 10^{-9}$$

したがって

$$[Cr_2O_7{}^{2-}]=3\times 10^{-9}\,\mathrm{M}$$

以上の結果からわかるようにネルンストの式を用いてこのように低い濃度を求める場合，有効数字は 1 桁である．

6 章の問題解答

◆ **問題 6.1** (1) 支配的な因子は，水和イオンの電荷/半径比である．このため，電荷が大きいほど，吸着が強い．アルカリ土類金属イオンとアルカリ金属イオンの水和イオン半径は，結晶イオン半径とは逆に原子番号とともに小さくなるため，これらのイオンでは原子番号が大きいほど吸着が強い．

(2) 電荷が同じ 1 価陰イオンどうしにおいては，結晶イオン半径が小さいイオンほど水和イオン半径が大きくなるためである．

(3) 陽イオン交換樹脂では上記の水和イオンの電荷/半径比に基づいて分離するが，第一遷移系列元素のイオンどうしではその差は小さい．一方，陰イオン交換樹脂は塩化物イオンなどの配位子との錯生成により生じる陰イオン錯体を吸着する．陰イオン錯体の生成定数にはより大きな差がある．第一遷移系列元素のイオンを相互に分離するには，配位子濃度を段階的に薄めた溶離液を用いることで，錯生成しにくい陽イオンから順次溶離させる．

◆ **問題 6.2** (1) pH 7 標準液 pH $= 6.87$；pH 4 標準液，pH $= 4.01$

(2) 点（pH, E）が（6.87, 11）と（4.01, 179）の 2 点を通る直線の式 $E = b + a \times \mathrm{pH}$ を求める．傾き a は，

$$a = \frac{11 - 179}{6.87 - 4.01} = -58.7$$

縦軸の切片 b は，直線の式に点（4.01, 179）の値を代入して，

$$179 = b - 58.7 \times 4.01 \qquad \therefore \quad b = 179 + 58.7 \times 4.01 = 414$$

よって，E と pH の関係式は，

$$E = 414 - 58.7\mathrm{pH}$$

(3) (2) の関係式に電位 107 mV を代入して，

$$107 = 414 - 58.7\mathrm{pH} \qquad \therefore \quad \mathrm{pH} = \frac{414 - 107}{58.7} = 5.23$$

総合演習問題の解答

1 (1) ア，$\sqrt{\dfrac{\sum\left(q_i - \frac{\sum q_i}{n}\right)^2}{n-1}}$；

イ，$\sqrt{\sum (k_i \delta x_i)^2}$（$k_i$ は x_i の和または差における x_i の係数）；

ウ，$Q\sqrt{\sum\left(\frac{\delta x_i}{x_i}\right)^2}$； エ，$0.1008 \pm 0.0002$

(2) 下線①の方法では，$\delta V = \sqrt{3 \times 0.05^2} = 0.086$, $V \pm \delta V = 150.00 \pm 0.09\,\mathrm{mL}$. メスシリンダーを用いると，$\delta V = \sqrt{3 \times 1^2} = 1.7$, $V \pm \delta V = 150 \pm 2\,\mathrm{mL}$.

(3) $C = \dfrac{0.1008\,\mathrm{mM} \times 10\,\mathrm{mL}}{1000\,\mathrm{mL}} = 1.008 \times 10^{-3}\,\mathrm{mM} = 1.008\,\mu\mathrm{M}$,

$$\delta C = 1.008 \times 10^{-3} \times \sqrt{\left(\frac{0.0002}{0.1008}\right)^2 + \left(\frac{0.02}{10}\right)^2 + \left(\frac{0.3}{1000}\right)^2} = 2.8 \times 10^{-6}$$

$$\therefore \quad C + \delta C = 1.008 \pm 0.003\,\mu\mathrm{M}$$

希釈後の誤差はもとの溶液の誤差の 1.5 倍に収まっている．よって，この操作は有効数字の桁数を保持するために適切であった．

2 (1) ア，活量係数； イ，イオン強度； ウ，デバイ–ヒュッケル

(2) $\sum z_\mathrm{i} c_\mathrm{i} = 0$

(3) (i) 濃度 1.0×10^{-3} mol/L 以下なので，$\mu = 0$, $f_\mathrm{i} = 1$. 活量係数を用いて熱力学的酸解離定数からモル濃度酸解離定数を求めると，

$$K_\mathrm{a} = \frac{f_{\mathrm{CH_3CO_2H}}}{f_{\mathrm{H^+}} \times f_{\mathrm{CH_3CO_2{}^-}}} K_\mathrm{a}^\circ = \frac{1}{1 \times 1} \times K_\mathrm{a}^\circ = K_\mathrm{a}^\circ$$

$$[\mathrm{H^+}] = \sqrt{K_\mathrm{a}^\circ C} = \sqrt{1.8 \times 10^{-5} \times 1.0 \times 10^{-3}} = 1.3 \times 10^{-4}\,\mathrm{mol/L}$$

(ii) イオン強度は，$\mu = \dfrac{1}{2}\left\{1^2 \times 0.2 + (-1)^2 \times 0.2\right\} = 0.2$. 各イオンの活量係数は，

$$\log f_{\mathrm{H^+}} = -\frac{0.51 \times |1^2| \times \sqrt{0.2}}{1 + 0.33 \times 9.0 \times \sqrt{0.2}} = -0.098 \qquad \therefore \quad f_{\mathrm{H^+}} = 0.80$$

$$\log f_{\mathrm{CH_3CO_2{}^-}} = -\frac{0.51 \times |(-1)^2| \times \sqrt{0.2}}{1 + 0.33 \times 4.5 \times \sqrt{0.2}} = -0.14 \qquad \therefore \quad f_{\mathrm{CH_3CO_2{}^-}} = 0.72$$

このイオン強度におけるモル濃度酸解離定数を求めると，

$$K_\mathrm{a} = \frac{f_{\mathrm{CH_3CO_2H}}}{f_{\mathrm{H^+}} \times f_{\mathrm{CH_3CO_2{}^-}}} K_\mathrm{a}^\circ = \frac{1}{0.80 \times 0.72} \times 1.8 \times 10^{-5} = 3.1 \times 10^{-5}$$

$$[\mathrm{H^+}] = \sqrt{K_\mathrm{a} C} = \sqrt{3.1 \times 10^{-5} \times 1.0 \times 10^{-3}} = 1.8 \times 10^{-4}\,\mathrm{mol/L}$$

(4) 共存イオン効果

3 (1) ア，定性； イ，定量； ウ，平衡定数； エ，滴定曲線； オ，当量

(2) ひょう量誤差が物質量に及ぼす影響が小さいため．

(3) A に対して過剰かつ既知量の反応物を加え，未反応の反応物を T で滴定することで，既知量との差から A を定量する方法．

(4) 溶液の未反応 HX の濃度 C と pH はそれぞれ以下の式で得られる．

滴下量 47.9 mL において，

$$C = \frac{0.10\ \mathrm{M} \times (50.0\ \mathrm{mL} - 47.9\ \mathrm{mL})}{50.0\ \mathrm{mL} + 47.9\ \mathrm{mL}} = 0.00215\ \mathrm{M}, \quad \mathrm{pH} = -\log 0.00215 = 2.67$$

滴下量 48.0 mL において，

$$C = \frac{0.10\ \mathrm{M} \times (50.0\ \mathrm{mL} - 48.0\ \mathrm{mL})}{50.0\ \mathrm{mL} + 48.0\ \mathrm{mL}} = 0.00204\ \mathrm{M}, \quad \mathrm{pH} = -\log 0.00204 = 2.69$$

よって，滴下量 47.9 mL から 0.1 mL だけ滴下した際の pH 変化量は，

$$\Delta\mathrm{pH} = 2.69 - 2.67 = 0.02$$

一方，滴下量 49.9 mL では，

$$C = \frac{0.10\ \mathrm{M} \times (50.0\ \mathrm{mL} - 49.9\ \mathrm{mL})}{50.0\ \mathrm{mL} + 49.9\ \mathrm{mL}} = 0.000100\ \mathrm{M}, \quad \mathrm{pH} = -\log 0.0001 = 4.00$$

滴下量 50.0 mL は当量点なので，強酸を強塩基で滴定する場合は pH 7.00 となる．よって，滴下量 49.9 mL から 0.1 mL だけ滴下した際の pH 変化量は，

$$\Delta\mathrm{pH} = 7.00 - 4.00 = 3.00$$

4 (1) Na^+, Cl^-（第二当量点では，Na_2CO_3 と HCl の中和反応により，NaCl と H_2CO_3 を含む水溶液となるため）

(2) H_2CO_3（H_2CO_3 の電離により生じる H^+ が pH を決めるため）

(3) 弱酸の水溶液では $[\mathrm{H}^+] = \sqrt{K_{\mathrm{a1}}c}$ となるため，

$$\mathrm{pH} = \frac{\mathrm{p}K_{\mathrm{a1}} - \log c}{2}$$

(4) 第二当量点近くでは HCO_3^- と H_2CO_3 による緩衝作用のために pH の変化は緩やかであり，その検出は難しい．溶液を煮沸して CO_2 を追い出すと，HCO_3^- のみの溶液となり，当量点での pH 変化量が大きくなり，終点が見分けやすくなる．

(5) Na_2CO_3 は HCO_3^- へ，次いで H_2CO_3 へと二段階で中和されることから，第二当量点における塩酸滴下量の半分が Na_2CO_3 の物質量に相当する．

$$\frac{0.09985\ \mathrm{mol/L} \times \dfrac{46.67\ \mathrm{mL}}{1000\ \mathrm{mL/L}} \times \dfrac{1}{2} \times 106.0\ \mathrm{g/mol}}{0.2504\ \mathrm{g}} = 0.9863$$

よって，重量パーセントは 98.63 % である．

5 (1) ア，分率； イ，アクア

(2) $K_{\mathrm{a1}}, K_{\mathrm{a2}}, K_{\mathrm{a3}}$ の式より，

$$[\mathrm{H_2PO_4}^-] = K_{\mathrm{a1}}[\mathrm{H}^+]^{-1}[\mathrm{H_3PO_4}]$$

$$[\mathrm{HPO_4}^{2-}] = K_{\mathrm{a2}}[\mathrm{H}^+]^{-1}[\mathrm{H_2PO_4}^-] = K_{\mathrm{a1}}K_{\mathrm{a2}}[\mathrm{H}^+]^{-2}[\mathrm{H_3PO_4}]$$

$$[\mathrm{PO_4}^{3-}] = K_{\mathrm{a3}}[\mathrm{H}^+]^{-1}[\mathrm{HPO_4}^{2-}] = K_{\mathrm{a1}}K_{\mathrm{a2}}K_{\mathrm{a3}}[\mathrm{H}^+]^{-3}[\mathrm{H_3PO_4}]$$

$$\alpha_2 = \frac{[HPO_4{}^{2-}]}{C} = \frac{[HPO_4{}^{2-}]}{[H_3PO_4] + [H_2PO_4{}^-] + [HPO_4{}^{2-}] + [PO_4{}^{3-}]}$$

$$\therefore\ \alpha_2 = \frac{K_{a1}K_{a2}[H^+]^{-2}}{1 + K_{a1}[H^+]^{-1} + K_{a1}K_{a2}[H^+]^{-2} + K_{a1}K_{a2}K_{a3}[H^+]^{-3}}$$

(3)　例えば $pH = pK_{a1}$ のとき，K_{a1} の式より，

$$[H_3PO_4] = [H_2PO_4{}^-] \qquad \therefore\ \alpha_0 = \alpha_1$$

同様にして，一般に $pH = pK_{ai}$ のとき，$\alpha_{i-1} = \alpha_i$

(4)　pH ＝ 7.00 の場合，**図 1** より $H_2PO_4{}^-$ と $HPO_4{}^{2-}$ が主な化学種となるので，溶液② x mL と溶液③ y mL を混合する．このとき，$H_2PO_4{}^-$ と $HPO_4{}^{2-}$ の酸解離変化は無視できる．ヘンダーソン–ハッセルバルヒの式に代入して，

$$pH = pK_{a2} + \log\frac{[HPO_4{}^{2-}]}{[H_2PO_4{}^-]} = pK_{a2} + \log\frac{\dfrac{0.10\ \mathrm{mol/L} \times y\ \mathrm{mL}}{100\ \mathrm{mL}}}{\dfrac{0.10\ \mathrm{mol/L} \times x\ \mathrm{mL}}{100\ \mathrm{mL}}}$$

$$= 7.12 + \log\frac{y}{x} = 7.00$$

$$\log\frac{y}{x} = 7.00 - 7.12 = -0.12 \qquad \therefore\ \frac{y}{x} = 10^{-0.12} = 0.76 \qquad \therefore\ y = 0.76x$$

$$x + y = x + 0.76x = 1.76x = 100 \qquad \therefore\ x = 57 \qquad \therefore\ y = 100 - 57 = 43$$

よって，溶液② 57 mL と溶液③ 43 mL を混合する．

pH = 2.70 の場合，**図 1** より H_3PO_4 と $H_2PO_4{}^-$ が主な化学種となるので，溶液① x mL と溶液② y mL を混合する．このとき，H_3PO_4 と $H_2PO_4{}^-$ の酸解離変化は無視できる．ヘンダーソン–ハッセルバルヒの式に代入して，

$$pH = pK_{a1} + \log\frac{[H_2PO_4{}^-]}{[H_3PO_4]} = pK_{a1} + \log\frac{\dfrac{0.10\ \mathrm{mol/L} \times y\ \mathrm{mL}}{100\ \mathrm{mL}}}{\dfrac{0.10\ \mathrm{mol/L} \times x\ \mathrm{mL}}{100\ \mathrm{mL}}}$$

$$= 1.96 + \log\frac{y}{x} = 2.70$$

$$\log\frac{y}{x} = 2.70 - 1.96 = 0.74 \qquad \therefore\ \frac{y}{x} = 10^{0.74} = 5.50 \qquad \therefore\ y = 5.50x$$

$$x + y = x + 5.50x = 6.50x = 100 \qquad \therefore\ x = 15 \qquad \therefore\ y = 100 - 15 = 85$$

よって，溶液① 15 mL と溶液② 85 mL を混合する．

(5)　(iii)　硬い–軟らかい酸と塩基（HSAB）理論によれば，リン酸は硬い塩基であるため硬い酸と結びつくことを好む．このため硬い酸の金属イオン (iii) は，中間の酸 (ii) や軟らかい酸 (i) に比べてリン酸と難溶性塩を生成しやすく，溶解度が低くなる．

6　(1)　ア，NaOH；　イ，KCN；　ウ，0.0173；　エ，0.05706；　オ，NaCl；

カ，10.95； キ，HCN； ク，9.21； ケ，KCl； コ，5.34； サ，炭酸ナトリウム；シ，標定

［参考］

ウ，$\dfrac{0.1073\ \mathrm{mol/L} \times 8.05\ \mathrm{mL}}{50.00\ \mathrm{mL}} = 0.0173\ \mathrm{mol/L}$

エ，$\dfrac{0.1073\ \mathrm{mol/L} \times (34.64\ \mathrm{mL} - 8.05\ \mathrm{mL})}{50.00\ \mathrm{mL}} = 0.05706\ \mathrm{mol/L}$

カ，KCN の全濃度は，$C = \dfrac{0.05706\ \mathrm{mol/L} \times 50.00\ \mathrm{mL}}{50.00\ \mathrm{mL} + 8.05\ \mathrm{mL}} = 0.04915\ \mathrm{mol/L}$

$$\mathrm{pH} = \frac{\mathrm{p}K_\mathrm{a} + \mathrm{p}K_\mathrm{w} + \log C}{2} = \frac{9.21 + 14 - 1.31}{2} = 10.95$$

コ，HCN の全濃度は，$C = \dfrac{0.05706\ \mathrm{mol/L} \times 50.00\ \mathrm{mL}}{50.00\ \mathrm{mL} + 34.64\ \mathrm{mL}} = 0.03371\ \mathrm{mol/L}$

$$\mathrm{pH} = \frac{\mathrm{p}K_\mathrm{a} - \log C}{2} = \frac{9.21 - (-1.47)}{2} = 5.34$$

(2) 塩酸中の塩化水素は気体であるため揮発性があり，市販の塩酸の濃度は一定でない．

(3) 強酸の滴下で生成する HCN は揮発性があり，毒性が高いから．

7 (1) メチルレッド（変色域の中心となる pK_a が第一当量点の pH 6.1 に最も近いため）

(2) $\mathrm{H_2NCHRCOOH{\cdot}HCl}$ の全濃度を C とおく．第一当量点では $\mathrm{H_3N^+CHRCOO^-}$ と NaCl を含む水溶液となる．物質収支より，

$$\begin{aligned} C &= [\mathrm{H_3N^+CHRCOOH}] + [\mathrm{H_3N^+CHRCOO^-}] + [\mathrm{H_2NCHRCOO^-}] \\ &= [\mathrm{Na^+}] = [\mathrm{Cl^-}] \end{aligned}$$

電荷均衡より，

$$[\mathrm{Na^+}] + [\mathrm{H_3N^+CHRCOOH}] + [\mathrm{H^+}] = [\mathrm{OH^-}] + [\mathrm{H_2NCHRCOO^-}] + [\mathrm{Cl^-}]$$

これら 2 式から，

$$[\mathrm{H_3N^+CHRCOOH}] + [\mathrm{H^+}] = [\mathrm{OH^-}] + [\mathrm{H_2NCHRCOO^-}] \qquad (*)$$

ここで，$C = [\mathrm{H_3N^+CHRCOO^-}]$ と近似すると，

$$K_\mathrm{a1} = \frac{[\mathrm{H^+}]\,[\mathrm{H_3N^+CHRCOO^-}]}{[\mathrm{H_3N^+CHRCOOH}]} = \frac{[\mathrm{H^+}]C}{[\mathrm{H_3N^+CHRCOOH}]}$$

$$\therefore\ \frac{[\mathrm{H^+}]}{[\mathrm{H_3N^+CHRCOOH}]} = \frac{K_\mathrm{a1}}{C}$$

$$K_{a2} = \frac{[H^+][H_2NCHRCOO^-]}{[H_3N^+CHRCOO^-]} = \frac{\frac{K_w}{[OH^-]}[H_2NCHRCOO^-]}{C}$$

$$\therefore \quad \frac{[OH^-]}{[H_2NCHRCOO^-]} = \frac{K_w}{K_{a2}C}$$

仮定より $K_w \ll K_{a2}C$ かつ $K_{a1} \ll C$ であるので，式 (*) で $[H^+]$ と $[OH^-]$ は無視できる．よって，式 (*) は近似的に下式となる．

$$[H_3N^+CHRCOOH] = [H_2NCHRCOO^-]$$

$$\therefore \quad \frac{[H^+]C}{K_{a1}} = \frac{K_{a2}C}{[H^+]}$$

$$\therefore \quad pH = \frac{pK_{a1} + pK_{a2}}{2}$$

(3) $40.00\ mL \times 2 = 80.00\ mL$

(4) $pK_{a1} = 2.5$, $pK_{a2} = 9.8$

(5) 分子量を M とすると，第一当量点における滴下量 40.00 mL より，

$$0.1000\ mol/L \times \frac{40.00\ mL}{1000\ mL/L} = \frac{0.6705\ g}{M\ g/mol}$$

$$\therefore \quad M = \frac{0.6705\ g \times 1000\ mL/L}{0.1000\ mol/L \times 40.00\ mL} = 167.6\ g/mol$$

(6) ロイシン

8 (1) 溶解度積 K_{sp} の式を変形して，

$$[Al^{3+}] = \frac{K_{sp}}{[OH^-]^3}$$

(2) pH 3 では $[H^+] = 10^{-3}$ なので，

$$[OH^-] = \frac{K_w}{[H^+]} = \frac{1.0 \times 10^{-14}}{10^{-3}} = 1.0 \times 10^{-11}$$

水酸化物錯体の生成は無視できるので，C は $[Al^{3+}]$ に等しい．

$$C = [Al^{3+}] = \frac{K_{sp}}{[OH^-]^3} = \frac{3.0 \times 10^{-34}}{(1.0 \times 10^{-11})^3} = 3.0 \times 10^{-1}$$

$$\therefore \quad C = 3.0 \times 10^{-1}\ mol/L$$

(3) 水酸化物錯体の平衡定数 β_i の式をそれぞれ変形して，

$$[Al(OH)^{2+}] = \beta_1[OH^-][Al^{3+}]$$

$$[Al(OH)_2{}^+] = \beta_2[OH^-]^2[Al^{3+}]$$

$$[Al(OH)_3] = \beta_3[OH^-]^3[Al^{3+}]$$

$$[Al(OH)_4{}^-] = \beta_4[OH^-]^4[Al^{3+}]$$

(4)

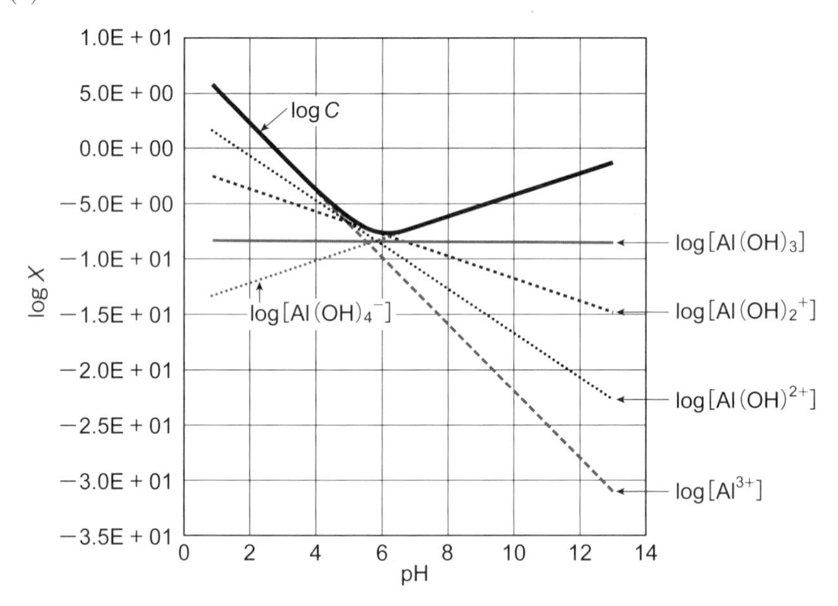

$\log C$ が最小となるとき，

$$\mathrm{pH} = 6.3, \quad [\mathrm{Al^{3+}}] = 3.8 \times 10^{-11}\ \mathrm{mol/L}, \quad C = 2.9 \times 10^{-8}\ \mathrm{mol/L}$$

9 (1) 錯体の生成定数 K と条件付き生成定数 K' の関係は次式で示される．

$$K = \frac{[\mathrm{MY^{?-}}]}{[\mathrm{M^{2+}}]\,[\mathrm{Y^{4-}}]} = \frac{[\mathrm{MY^{2-}}]}{[\mathrm{M^{2+}}]\alpha_4 C'} = \frac{K'}{\alpha_4} \qquad \therefore\ K' = \alpha_4 K = 1.46 \times 10^{-8} K$$

$$\therefore\ K'(\mathrm{Sr}) = 1.46 \times 10^{-8} \times 4.3 \times 10^{8} = 6.3$$

$$\therefore\ K'(\mathrm{Zn}) = 1.46 \times 10^{-8} \times 3.2 \times 10^{16} = 4.7 \times 10^{8}$$

(2) 溶液中の $\mathrm{Zn^{2+}}$ と EDTA の全濃度 C_{Zn} と C_{EDTA} は，以下のように等しくなる．

$$C_{\mathrm{Zn}} = \frac{5.00 \times 10^{-3}\ \mathrm{M} \times 40.00\ \mathrm{mL}}{40.00\ \mathrm{mL} + 20.00\ \mathrm{mL}} = 3.33 \times 10^{-3}\ \mathrm{M}$$

$$C_{\mathrm{EDTA}} = \frac{0.0100\ \mathrm{M} \times 20.00\ \mathrm{mL}}{40.00\ \mathrm{mL} + 20.00\ \mathrm{mL}} = 3.33 \times 10^{-3}\ \mathrm{M}$$

生成定数 $K'(\mathrm{Zn})$ は大きいので，大部分の $\mathrm{Zn^{2+}}$ と EDTA は錯生成している．わずかに解離した $\mathrm{Zn^{2+}}$ の濃度を x とおくと，

	$[\mathrm{Zn^{2+}}]$	C'	$[\mathrm{ZnY^{2-}}]$
平衡濃度（M）	x	x	$3.33 \times 10^{-3} - x$

$3.33 \times 10^{-3} \gg x$ と仮定して，条件付き生成定数を表すと，

$$K' = \frac{3.33 \times 10^{-3}}{x^2} = 4.7 \times 10^8 \qquad \therefore \quad x = \sqrt{\frac{3.33 \times 10^{-3}}{4.7 \times 10^8}} = 2.7 \times 10^{-6}$$

よって，

$$[\mathrm{Zn^{2+}}] = 2.7 \times 10^{-6}\ \mathrm{M}, \quad [\mathrm{ZnY^{2-}}] = 3.33 \times 10^{-3}\ \mathrm{M}$$

(3)　条件付き生成定数 K' の式を変形して，(1) の $K'(\mathrm{Sr})$，(2) の C' の値を代入すると，

$$K' = \frac{[\mathrm{SrY^{2-}}]}{[\mathrm{Sr^{2+}}]C'} \qquad \therefore \quad \frac{[\mathrm{SrY^{2-}}]}{[\mathrm{Sr^{2+}}]} = K'C' = 6.3 \times 2.7 \times 10^{-6} = 1.7 \times 10^{-5}$$

(4)　有効数字 4 桁まで定量できる．

$$\frac{[\mathrm{Zn^{2+}}]}{[\mathrm{ZnY^{2-}}] + [\mathrm{Zn^{2+}}]} \times 100 = \frac{2.7 \times 10^{-6}}{3.33 \times 10^{-3}} \times 100 = 0.081\ \%$$

よって，未反応の $\mathrm{Zn^{2+}}$ は 0.1 % 未満しか含まれない．かつ，(3) から $\mathrm{Sr^{2+}}$ によって消費される EDTA 量は無視できるため．

(5)　試料水中の HCl の物質量は，

$$1.00 \times 10^{-2}\ \mathrm{M} \times \frac{40.00\ \mathrm{mL}}{1000\ \mathrm{mL/L}} = 4.00 \times 10^{-4}\ \mathrm{mol}$$

酢酸 0.2 mol に比べて 3 桁小さいので，無視できる．水酸化ナトリウム x mol を加えるとする．ヘンダーソン–ハッセルバルヒの式を用いて，

$$\mathrm{pH} = \mathrm{p}K_\mathrm{a} + \log\frac{[\mathrm{CH_3COO^-}]}{[\mathrm{CH_3COOH}]} = \mathrm{p}K_\mathrm{a} + \log\frac{\dfrac{x\ \mathrm{mol}}{40.00\ \mathrm{mL}}}{\dfrac{0.2\ \mathrm{mol} - x\ \mathrm{mol}}{40.00\ \mathrm{mL}}}$$

$$= 4.75 + \log\frac{x}{0.2 - x} = 4.30$$

$$\therefore \quad \log\frac{x}{0.2 - x} = -0.45 \qquad \therefore \quad \frac{x}{0.2 - x} = 0.35 \qquad \therefore \quad x = 0.05$$

よって，水酸化ナトリウム 0.05 mol を加える．

10　(1)　生成定数 K の式に $\alpha_4 = \dfrac{[\mathrm{Y^{4-}}]}{C'}$ を代入して，

$$K = \frac{[\mathrm{FeY^-}]}{[\mathrm{Fe^{3+}}]\,[\mathrm{Y^{4-}}]} = \frac{[\mathrm{FeY^-}]}{[\mathrm{Fe^{3+}}]\alpha_4 C'}$$

$$\therefore \quad \frac{[\mathrm{FeY^-}]}{[\mathrm{Fe^{3+}}]} = K\alpha_4 C'$$

$$= \frac{KK_{\mathrm{a1}}K_{\mathrm{a2}}K_{\mathrm{a3}}K_{\mathrm{a4}}C'}{[\mathrm{H^+}]^4 + K_{\mathrm{a1}}[\mathrm{H^+}]^3 + K_{\mathrm{a1}}K_{\mathrm{a2}}[\mathrm{H^+}]^2 + K_{\mathrm{a1}}K_{\mathrm{a2}}K_{\mathrm{a3}}[\mathrm{H^+}] + K_{\mathrm{a1}}K_{\mathrm{a2}}K_{\mathrm{a3}}K_{\mathrm{a4}}}$$

(2)　$\dfrac{[\mathrm{FeY^-}]}{[\mathrm{Fe^{3+}}]} \geq 10^3$ となるのは $\mathrm{pH} > 1.3$．$\dfrac{[\mathrm{NiY^{2-}}]}{[\mathrm{Ni^{2+}}]} \leq 10^{-3}$ となるのは $\mathrm{pH} < 1.5$．

総合

したがって pH 範囲は $1.3 < \mathrm{pH} < 1.5$.

(3) $\dfrac{[\mathrm{FeY^-}]}{[\mathrm{Fe^{3+}}]} \geq 10^3$ かつ $\dfrac{[\mathrm{NiY^{2-}}]}{[\mathrm{Ni^{2+}}]} \geq 10^3$ となるのは $\mathrm{pH} > 3.7$.

したがって pH 範囲は $\mathrm{pH} > 3.7$.

(4) 強アルカリ性では，多くの金属イオンは水酸化物イオンと反応してヒドロキソ錯体や水酸化物沈殿を生成するため.

11 (1) ア，5.3； イ，3.4×10^2； ウ，9.6×10^2

［参考］ 生成定数 K の式に $\alpha_4 = \dfrac{[\mathrm{Y^{4-}}]}{C'}$ を代入して，

$$K = \frac{[\mathrm{MgY^{2-}}]}{[\mathrm{Mg^{2+}}]\,[\mathrm{Y^{4-}}]} = \frac{[\mathrm{MgY^{2-}}]}{[\mathrm{Mg^{2+}}]\alpha_4 C'}$$

$$\therefore \quad \frac{[\mathrm{MgY^{2-}}]}{[\mathrm{Mg^{2+}}]} = K\alpha_4 C' = 4.9 \times 10^8 \times 2.0 \times 10^{-6}\alpha_4 = 9.8 \times 10^2\alpha_4$$

(2) エ，10（$\mathrm{Ca^{2+}}$, $\mathrm{Mg^{2+}}$ ともに $\dfrac{[\mathrm{MY^{2-}}]}{[\mathrm{M^{2+}}]} > 10^2$. ただし，この条件では $\mathrm{Mg^{2+}}$ を有効数字 4 桁まで定量するのは難しい可能性がある）

(3) オ，12

$$K_{\mathrm{sp}} = [\mathrm{Mg^{2+}}]\,[\mathrm{OH^-}]^2 \qquad \therefore \quad [\mathrm{Mg^{2+}}] = \frac{K_{\mathrm{sp}}}{[\mathrm{OH^-}]^2} = \frac{1.2 \times 10^{-11}}{[\mathrm{OH^-}]^2}$$

$\mathrm{pH} = 12$ で水酸化物沈殿と平衡にある濃度は，

$$[\mathrm{Mg^{2+}}] = 1.2 \times 10^{-7}\ \mathrm{M}, \quad [\mathrm{Ca^{2+}}] = 5.5 \times 10^{-2}\ \mathrm{M}$$

と推定される．よって，試料中の $\mathrm{Mg^{2+}}$ と $\mathrm{Ca^{2+}}$ の初濃度が 10^{-2} M くらいであれば，$\mathrm{Mg^{2+}}$ は水酸化物沈殿として除かれ，$\mathrm{Ca^{2+}}$ のみを定量できる.

(4) $\mathrm{Ca^{2+}}$ と錯生成した EDTA は 16.55 mL 分で，$\mathrm{Mg^{2+}}$ とのそれは 24.37 mL − 16.55 mL = 7.82 mL 分である．試料水中の $\mathrm{Mg^{2+}}$ と $\mathrm{Ca^{2+}}$ の全濃度をそれぞれ C_{Mg}, C_{Ca} とすると，

$$C_{\mathrm{Mg}} = \frac{0.9978 \times 0.01\ \mathrm{M} \times 7.82\ \mathrm{mL}}{50.00\ \mathrm{mL}} = 1.56 \times 10^{-3}\ \mathrm{M}$$

$$C_{\mathrm{Ca}} = \frac{0.9978 \times 0.01\ \mathrm{M} \times 16.55\ \mathrm{mL}}{50.00\ \mathrm{mL}} = 3.303 \times 10^{-3}\ \mathrm{M}$$

12 (1) ア，ひょう量形； イ，重力

(2) (i) 測定すべき重力と電子天びんの電磁力のベクトルを一直線上に揃えるため.

(ii) 重力は標高などによって変化する．電磁力と電流の直線性には誤差が生じる．よって，基準分銅を用いた較正が必要.

(iii) 温度差による対流や気流の影響を避けるため.

(3) Ni の原子量 58.69，錯体の分子量と質量，および試料の質量から重量パーセントを求める.

$$\frac{58.69\ \mathrm{g/mol} \times \dfrac{0.3572\ \mathrm{g}}{288.9\ \mathrm{g/mol}}}{0.1204\ \mathrm{g}} \times 100 = 60.27\ \%$$

(4)

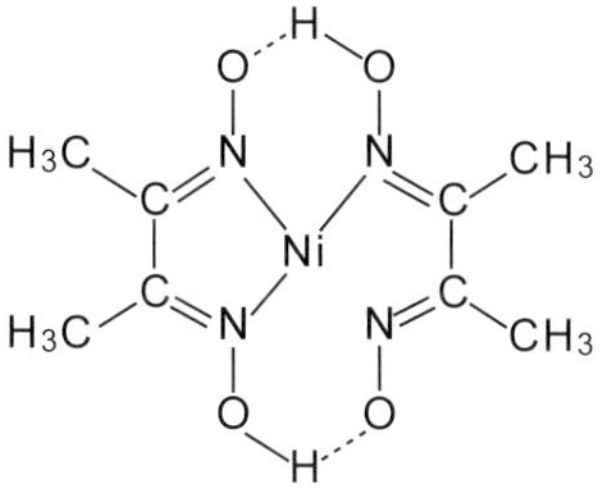

(5) パラジウム (II) イオン（Pd^{2+}）

(6) マスキング．共存物質の共沈を抑える．

13 (1) K_{a1}, K_{a2} の式を用いて分率の式を変形すると，

$$\alpha_2 = \frac{[S^{2-}]}{C} = \frac{[S^{2-}]}{[H_2S] + [HS^-] + [S^{2-}]}$$

$$= \frac{K_{a1}K_{a2}[H^+]^{-2}\,[H_2S]}{[H_2S] + K_{a1}[H^+]^{-1}\,[H_2S] + K_{a1}K_{a2}[H^+]^{-2}\,[H_2S]}$$

$$\therefore\ \ \alpha_2 = \frac{K_{a1}K_{a2}}{[H^+]^2 + K_{a1}[H^+] + K_{a1}K_{a2}}$$

(2) 溶解度積 K_{sp} と条件付き溶解度積 K'_{sp} の関係は次式で示される．

$$K_{sp} = [M^{2+}]\,[S^{2-}] = [M^{2+}]\alpha_2 C = \alpha_2 K'_{sp}$$

$$\therefore\ \ K'_{sp} = \frac{K_{sp}}{\alpha_2} = \frac{K_{sp}}{1.2 \times 10^{-21}}$$

ここで

$$\alpha_2 = \frac{9.1 \times 10^{-8} \times 1.2 \times 10^{-15}}{0.30^2 + 9.1 \times 10^{-8} \times 0.30 + 9.1 \times 10^{-8} \times 1.2 \times 10^{-15}}$$

$$= \frac{1.1 \times 10^{-22}}{0.0090} = 1.2 \times 10^{-21}$$

$$\therefore\ \ K'_{sp}(\mathrm{NiS}) = \frac{4 \times 10^{-20}}{1.2 \times 10^{-21}} = 3 \times 10$$

$$K'_{sp}(\mathrm{CuS}) = \frac{8 \times 10^{-37}}{1.2 \times 10^{-21}} = 7 \times 10^{-16}$$

$$K'_{sp}(\mathrm{ZnS}) = \frac{3 \times 10^{-23}}{1.2 \times 10^{-21}} = 3 \times 10^{-2}$$

(3) それぞれの硫化物について，イオン積と条件付き溶解度積 K'_{sp} を比較する．

$$[M^{2+}]C = 5 \times 10^{-3} \times 0.10 = 5 \times 10^{-4}$$

$$K'_{sp}(NiS) > K'_{sp}(ZnS) > 5 \times 10^{-4} > K'_{sp}(CuS)$$

イオン積 > 溶解度積 の Cu^{2+} が沈殿し，イオン積 < 溶解度積 の Ni^{2+} と Zn^{2+} は沈殿せずに溶液に残る．

14 (1) ア，CoS，沈殿形； イ，CoO，ひょう量形

(2) H_2S の分率 α_2 は，

$$\alpha_2 = \frac{K_{a1}K_{a2}}{[H^+]^2 + K_{a1}[H^+] + K_{a1}K_{a2}} = 1.1 \times 10^{-14}$$

条件付き溶解度積 K'_{sp} は，

$$K'_{sp}(MnS) = \frac{K_{sp}(MnS)}{\alpha_2} = \frac{3 \times 10^{-11}}{1.1 \times 10^{-14}} = 2.8 \times 10^3$$

$$K'_{sp}(CoS) = \frac{K_{sp}(CoS)}{\alpha_2} = \frac{5 \times 10^{-22}}{1.1 \times 10^{-14}} = 4.6 \times 10^{-8}$$

問題の条件で Mn^{2+} イオンと Co^{2+} イオンの硫化物のイオン積は，5.0×10^{-4} であるので，CoS は沈殿するが，MnS は沈殿しない．MnS が沈殿する Mn^{2+} 濃度は，

$$[Mn^{2+}] > \frac{2.8 \times 10^3}{0.10} = 2.8 \times 10^4 \text{ mol/L}$$

と推定される．

(3) Co と O の原子量 58.93 と 16.00 を用いて，CoO の分子量は 74.93．ひょう量形 76.34 mg 中の Co の物質量は，

$$\frac{76.34 \text{ mg}}{74.93 \text{ g/mol}} = 1.019 \text{ mmol} = 1.019 \times 10^{-3} \text{ mol}$$

よって，試料溶液中濃度は，

$$1.019 \times 10^{-3} \text{ mol} \times \frac{1000 \text{ mL/L}}{250 \text{ mL}} = 4.075 \times 10^{-3} \text{ mol/L}$$

15 (1) 当量点では AgCl の溶解平衡が成り立つ．Ag^+ の平衡濃度を x とおくと，

	$[Ag^+]$	$[Cl^-]$
平衡濃度（M）	x	x

$$K_{sp}(AgCl) = [Ag^+][Cl^-] = x^2 = 1.0 \times 10^{-10} \qquad \therefore \ x = 1.0 \times 10^{-5} \text{ mol/L}$$

(2) (1) より，当量点では $[Ag^+] = 1.0 \times 10^{-5}$ mol/L となる．このとき Ag_2CrO_4 のイオン積が K_{sp} より大きくなるためには，

$$[Ag^+]^2[CrO_4{}^{2-}] = (1.0 \times 10^{-5})^2[CrO_4{}^{2-}] > K_{sp}(Ag_2CrO_4) = 1.1 \times 10^{-12}$$

総合

$$\therefore\quad [\mathrm{CrO_4}^{2-}] > \frac{1.1\times10^{-12}}{(1.0\times10^{-5})^2} = 1.1\times10^{-2}\ \mathrm{mol/L}$$

よって，$[\mathrm{CrO_4}^{2-}]$ は 1.1×10^{-2} mol/L 以上必要である．

(3) モール法ではクロム酸イオンとの沈殿生成のため，必ず過剰の滴定剤が加えられる．純水を試料としてこの指示薬ブランクを求め，これを測定値から差し引いて補正する．

(4) 当量点を過ぎると過剰の Ag^+ が沈殿に吸着して，沈殿は正に荷電する．負に荷電した指示薬は静電引力および Ag^+ との錯生成により，沈殿表面に吸着する．

(5) 逆滴定

(6) Fe^{3+} は硬い酸であり，配位原子として S より N を好むため，N 原子が配位する．

(7) 塩化物イオンとヨウ化物イオンの濃度の和が求められる．

AgI 沈殿は Ag_2CrO_4 を吸着しやすく，終点以前に沈殿が着色するのでモール法は使えない．フォルハルト法では，逆滴定に先だって沈殿を除かねばならない．これは AgCl の溶解度が AgSCN の溶解度よりも大きいため，AgCl 沈殿と SCN^- が反応してしまうためである．また，指示薬として Fe^{3+} を加えるときは，I^- が Fe^{3+} と酸化還元反応を起こすため，I^- が完全に AgI として沈殿した後に Fe^{3+} を加える．

16 (1) ア，酸化； イ，還元； ウ，不均化

(2) 標準酸化還元電位 E° を用いて，式 (∗1) と式 (∗2) の標準反応ギブズエネルギー ΔG° を求める．

$$\Delta G^\circ(\mathrm{Au^+/Au}) = -nFE^\circ(\mathrm{Au^+/Au}) = -1\times F\times 1.69 = -1.69F\ \mathrm{J/mol}$$

$$\Delta G^\circ(\mathrm{Au^{3+}/Au^+}) = -nFE^\circ(\mathrm{Au^{3+}/Au^+}) = -2\times F\times 1.41 = -2.82F\ \mathrm{J/mol}$$

求める半反応の式 (∗3) は 式 (∗1) + 式 (∗2) であるから，

$$\Delta G^\circ(\mathrm{Au^{3+}/Au}) = \Delta G^\circ(\mathrm{Au^+/Au}) + \Delta G^\circ(\mathrm{Au^{3+}/Au^+}) = -1.69F + (-2.82F)$$
$$= -3FE^\circ(\mathrm{Au^{3+}/Au})$$

$$\therefore\quad E^\circ(\mathrm{Au^{3+}/Au}) = \frac{-1.69F + (-2.82F)}{-3F} = 1.50\ \mathrm{V}$$

(3) 反応 (∗4) は半反応 (∗1) と半反応 (∗2) を組み合わせた電池の反応である．この標準電池電位は，

$$E^\circ_{\mathrm{cell}} = E^\circ_{\mathrm{cathode}} - E^\circ_{\mathrm{anode}} = 1.69 - 1.41 = 0.28\ \mathrm{V}$$

よって，標準反応ギブズエネルギーは，

$$\Delta G^\circ = -2\times 96485\times 0.28 = -54\ \mathrm{kJ/mol}$$

[別解] 求める酸化還元反応の式 (∗4) は 式 (∗1) × 2 − 式 (∗2) であるから，

$$\Delta G^\circ = \Delta G^\circ(\mathrm{Au^+/Au})\times 2 - \Delta G^\circ(\mathrm{Au^{3+}/Au^+})$$

$$= -1.69F \times 2 - (-2.82F) = -0.56F = -0.56 \times 96485$$
$$= -54\,\mathrm{kJ/mol}$$

(4) いずれの錯体も生成定数が大きいので，Au^+ と Au^{3+} とも全濃度 C と錯体濃度が等しい

$$C(Au^+) = [AuCl_2{}^-], \quad C(Au^{3+}) = [AuCl_4{}^-]$$

と仮定する．錯生成していない塩化物イオン濃度を C' とおくと，半反応 (*1) について，

$$E(Au^+/Au) = E^\circ(Au^+/Au) - 0.0592 \log \frac{1}{[Au^+]}$$
$$= E^\circ(Au^+/Au) - 0.0592 \log \frac{\beta(AuCl_2{}^-)C'^2}{C(Au^+)}$$

一般的な条件では $\dfrac{\beta(AuCl_2{}^-)C'^2}{C(Au^+)} \gg 1$ と考えられるので，$E(Au^+/Au)$ は $E^\circ(Au^+/Au)$ より低くなる．すなわち，安定な $AuCl_2{}^-$ の生成により，Au^+ は還元されにくくなる．

半反応 (*2) について，

$$E(Au^{3+}/Au^+) = E^\circ(Au^{3+}/Au^+) - \frac{0.0592}{2} \log \frac{[Au^+]}{[Au^{3+}]}$$
$$= E^\circ(Au^{3+}/Au^+) - \frac{0.0592}{2} \log \left(\frac{C(Au^+)}{\beta(AuCl_2{}^-)C'^2} \times \frac{\beta(AuCl_4{}^-)C'^4}{C(Au^{3+})} \right)$$
$$= E^\circ(Au^{3+}/Au^+) - \frac{0.0592}{2} \log \left(\frac{C(Au^+)\beta(AuCl_4{}^-)C'^2}{C(Au^{3+})\beta(AuCl_2{}^-)} \right)$$

一般的な条件では $\dfrac{C(Au^+)\beta(AuCl_4{}^-)C'^2}{C(Au^{3+})\beta(AuCl_2{}^-)} \gg 1$ と考えられるので，$E(Au^{3+}/Au^+)$ は $E^\circ(Au^{3+}/Au^+)$ より低くなる．すなわち，より安定な $AuCl_4{}^-$ の生成により，Au^{3+} は還元されにくくなる．

17 (1) ア，$\dfrac{1}{1 + K_1[NH_3] + K_1K_2[NH_3]^2}$；

イ，$E^\circ(Ag) + 0.0592 \log \alpha_0$； ウ，$E^\circ(Cr) - \dfrac{0.0592}{6} \times 14\,\mathrm{pH}$

(2) ビーカー A の見掛け電位は，

$$E^{\circ\prime}(Ag) = E^\circ(Ag) + 0.0592 \log \alpha_0$$
$$= 0.799 + 0.0592 \log \frac{1}{1 + 2.5 \times 10^3 \times 0.030 + 2.5 \times 10^3 \times 1.0 \times 10^4 \times 0.030^2}$$
$$= 0.541\,\mathrm{V}$$

ビーカー B の見掛け電位は，

総合

$$E^{\circ\prime}(\text{Cr}) = E^{\circ}(\text{Cr}) - \frac{0.0592}{6} \times 14\,\text{pH} = 1.33 - \frac{0.0592}{6} \times 14 \times 1.0 = 1.19\,\text{V}$$

(3)　ビーカーAの電極電位は，

$$E(\text{Ag}) = E^{\circ\prime}(\text{Ag}) - 0.0592 \log \frac{1}{C} = 0.541 - 0.0592 \log \frac{1}{0.0010} = 0.363\,\text{V}$$

ビーカーBの電極電位は，

$$E(\text{Cr}) = E^{\circ\prime}(\text{Cr}) - \frac{0.0592}{6} \log \frac{[\text{Cr}^{3+}]^2}{[\text{Cr}_2\text{O}_7{}^{2-}]} = 1.19 - \frac{0.0592}{6} \log \frac{0.0010^2}{0.0010} = 1.22\,\text{V}$$

$E(\text{Cr}) > E(\text{Ag})$ であるので，ビーカーBがカソード，ビーカーAがアノードとなる．電池電圧 E_{cell} は，

$$E_{\text{cell}} = E_{\text{cathode}} - E_{\text{anode}} = 1.22\,\text{V} - 0.363\,\text{V} = 0.86\,\text{V}$$

自発反応の化学式は，

$$6\text{Ag} + \text{Cr}_2\text{O}_7{}^{2-} + 14\text{H}^+ \longrightarrow 6\text{Ag}^+ + 2\text{Cr}^{3+} + 7\text{H}_2\text{O}$$

18　(1)　電池式右辺の飽和カロメル電極がカソードとみなせるので，

$$0.241\,\text{V} - E_{\text{anode}} = 0.424\,\text{V}$$

$$\therefore\quad E_{\text{anode}} = 0.241\,\text{V} - 0.424\,\text{V} = -0.183\,\text{V}$$

よって，

$$E_{\text{anode}} = E^{\circ}(\text{H}^+/\text{H}_2) - \frac{0.0592}{2} \log \frac{1}{[\text{H}^+]^2} = 0 - \frac{0.0592}{2} \log \frac{1}{[\text{H}^+]^2} = -0.183$$

$$\therefore\quad \log \frac{1}{[\text{H}^+]^2} = 2\,\text{pH} = 0.183 \times \frac{2}{0.0592} = 6.18$$

酸HAは弱酸であるので，全濃度 $C = 0.10\,\text{mol/L}$ とすると，

$$\text{pH} = \frac{\text{p}K_\text{a} - \log C}{2}$$

$$\therefore\quad \text{p}K_\text{a} = 2\,\text{pH} + \log 0.10 = 6.18 + \log 0.10 = 5.18$$

$$\therefore\quad K_\text{a} = 10^{-5.18} = 6.6 \times 10^{-6}$$

(2)　(i)　亜鉛電極の電位は，

$$E(\text{Zn}) = E^{\circ}(\text{Zn}) - \frac{0.0592}{2} \log \frac{1}{[\text{Zn}^{2+}]} = -0.763 - \frac{0.0592}{2} \log \frac{1}{0.020}$$

$$= -0.813\,\text{V}$$

よって，電池電圧 E_{cell} は，

$$E_{\text{cell}} = E_{\text{cathode}} - E_{\text{anode}} = 0\,\text{V} - (-0.813\,\text{V}) = 0.813\,\text{V}$$

(ii) 亜鉛電極の電位は,

$$E(\mathrm{Zn}) = E^\circ(\mathrm{Zn}) - \frac{0.0592}{2}\log\frac{1}{[\mathrm{Zn}^{2+}]} = -0.864\ \mathrm{V}$$

K' が十分に高ければ,

$$[\mathrm{Zn}^{2+}] = \sqrt{\frac{[\mathrm{ZnL}^+]}{K'}} = \sqrt{\frac{0.020}{K'}}$$

$$\therefore\quad -0.763 - \frac{0.0592}{2} \times \frac{1}{2}\log\frac{K'}{0.020} = -0.864$$

$$\therefore\quad K' = 1.26 \times 10^5$$

19 (1) KIを加えて, 中性分子 I_2 を陰イオン I_3^- に変え, 水に溶けやすくする.

(2) $\dfrac{0.0592}{10}\log\dfrac{[I_2]}{[IO_3^-]^2}$

(3) 反応 (∗2) の見掛け電位 $E^{\circ\prime}$ (V) は

$$E^{\circ\prime} = 1.20 - \frac{0.0592}{10} \times 12 \times 8.0 = 0.63\ \mathrm{V}$$

反応 (∗3) の見掛け電位 $E^{\circ\prime}$ (V) は

$$E^{\circ\prime} = E^\circ - \frac{0.0592}{4} \times 4 \times \mathrm{pH} = 1.23 - \frac{0.0592}{4} \times 4 \times 8.0 = 0.76\ \mathrm{V}$$

(4) (i) $E^\circ(I_2/I^-) = 0.620\ \mathrm{V} < E^{\circ\prime}(O_2/H_2O) = 0.76\ \mathrm{V}$ であるので, O_2 は I^- によって還元される. 自発反応の化学式は, 式 (∗1) の左右を入れ替えて2倍し, 式 (∗3) と辺々足すと得られる.

$$\begin{array}{rcl} 4I^- & \rightleftharpoons & 2I_2 + 4e \\ O_2 + 4H^+ + 4e^- & \rightleftharpoons & 2H_2O \\ \hline 4I^- + O_2 + 4H^+ & \longrightarrow & 2I_2 + 2H_2O \end{array}$$

(ii) $E^\circ(IO_3^-/I_2) = 0.63\ \mathrm{V} < E'(O_2/H_2O) = 0.76\ \mathrm{V}$ であるので, O_2 は I_2 によって還元される. 自発反応の化学式は, 式 (∗2) の左右を入れ替えて2倍し, 式 (∗3) を5倍して辺々足すと得られる.

$$\begin{array}{rcl} 2I_2 + 12H_2O & \rightleftharpoons & 4IO_3^- + 24H^+ + 20e^- \\ 5O_2 + 20H^+ + 20e^- & \rightleftharpoons & 10H_2O \\ \hline 2I_2 + 5O_2 + 2H_2O & \longrightarrow & 4IO_3^- + 4H^+ \end{array}$$

(5) (4) の結果より, O_2 の共存により I^- は I_2 に, I_2 は IO_3^- に自発的に酸化される. よって最も安定なヨウ素の化学種は IO_3^- と推定される.

20 (1) $E^\circ(\mathrm{Mn}) > E^\circ(\mathrm{As})$ であるので, MnO_4^- は H_3AsO_3 によって還元される. 授受される電子数を10に揃えて, 還元反応と酸化反応を組み合わせる.

$$\begin{array}{rcl} 2MnO_4^- + 16H^+ + 10e^- & \rightleftharpoons & 2Mn^{2+} + 8H_2O \\ 5H_3AsO_3 + 5H_2O & \rightleftharpoons & 5H_3AsO_4 + 10H^+ + 10e^- \\ \hline 2MnO_4^- + 5H_3AsO_3 + 6H^+ & \rightleftharpoons & 2Mn^{2+} + 5H_3AsO_4 + 3H_2O \end{array}$$

(2) それぞれの半反応のネルンストの式は，

$$E(\mathrm{Mn}) = E^\circ(\mathrm{Mn}) - \frac{0.0592}{5}\log\frac{[\mathrm{Mn}^{2+}]}{[\mathrm{MnO_4}^-]\,[\mathrm{H}^+]^8}$$

$$E(\mathrm{As}) = E^\circ(\mathrm{As}) - \frac{0.0592}{2}\log\frac{[\mathrm{H_3AsO_3}]}{[\mathrm{H_3AsO_4}]\,[\mathrm{H}^+]^2}$$

平衡状態では $E(\mathrm{Mn}) = E(\mathrm{As})$ なので，

$$E^\circ(\mathrm{Mn}) - \frac{0.0592}{5}\log\frac{[\mathrm{Mn}^{2+}]}{[\mathrm{MnO_4}^-]\,[\mathrm{H}^+]^8} = E^\circ(\mathrm{As}) - \frac{0.0592}{2}\log\frac{[\mathrm{H_3AsO_3}]}{[\mathrm{H_3AsO_4}]\,[\mathrm{H}^+]^2}$$

$$\begin{aligned} E^\circ(\mathrm{Mn}) - E^\circ(\mathrm{As}) &= \frac{0.0592}{10}\left(\log\frac{[\mathrm{Mn}^{2+}]^2}{[\mathrm{MnO_4}^-]^2\,[\mathrm{H}^+]^{16}} - \log\frac{[\mathrm{H_3AsO_3}]^5}{[\mathrm{H_3AsO_4}]^5\,[\mathrm{H}^+]^{10}}\right) \\ &= \frac{0.0592}{10}\log\frac{[\mathrm{Mn}^{2+}]^2\,[\mathrm{H_3AsO_4}]^5}{[\mathrm{MnO_4}^-]^2\,[\mathrm{H_3AsO_3}]^5\,[\mathrm{H}^+]^6} = \frac{0.0592}{10}\log K^\circ \end{aligned}$$

$$\therefore\quad \log K^\circ = \frac{10}{0.0592}\left\{E^\circ(\mathrm{Mn}) - E^\circ(\mathrm{As})\right\}$$

(3) $[\mathrm{H}^+] = 0.10\,\mathrm{M}$（pH 1.00）で一定であるため，見掛け電位 $E^{\circ\prime}$ を求める．

$$E^{\circ\prime}(\mathrm{As}) = E^\circ(\mathrm{As}) - \frac{0.0592}{2} \times 2 \times \mathrm{pH} = 0.50\,\mathrm{V}$$

$$E^{\circ\prime}(\mathrm{Mn}) = E^\circ(\mathrm{Mn}) - \frac{0.0592}{5} \times 8 \times \mathrm{pH} = 1.42\,\mathrm{V}$$

半当量点では $[\mathrm{H_3AsO_3}] = [\mathrm{H_3AsO_4}]$ であるため，溶液の電位は，

$$E(\mathrm{As}) = E^{\circ\prime}(\mathrm{As}) - \frac{0.0592}{2}\log\frac{[\mathrm{H_3AsO_3}]}{[\mathrm{H_3AsO_4}]} = E^{\circ\prime}(\mathrm{As}) = 0.50\,\mathrm{V}$$

当量点での滴下量を z mL とおくと，

$$\frac{0.010\,\mathrm{M} \times 50.0\,\mathrm{mL}}{5} = \frac{0.010\,\mathrm{M} \times z\,\mathrm{mL}}{2}$$

$$\therefore\quad z = \frac{0.010\,\mathrm{M} \times 50.0\,\mathrm{mL} \times 2}{0.010\,\mathrm{M} \times 5} = 20.0\,\mathrm{mL}$$

当量点での $\mathrm{MnO_4}^-$ の平衡濃度を $2x$ とおくと，x はごく小さいので各化学種の平衡濃度は，

	$[\mathrm{MnO_4}^-]$	$[\mathrm{H_3AsO_3}]$	$[\mathrm{Mn}^{2+}]$	$[\mathrm{H_3AsO_4}]$
平衡濃度（M）	$2x$	$5x$	$\frac{0.010 \times 20}{50.0 + 20.0} = 0.0029$	$\frac{0.010 \times 50}{50.0 + 20.0} = 0.0071$

これらを平衡定数に当てはめる．

総合

$$\log K^\circ = \frac{10}{0.0592}\{E^\circ(\mathrm{Mn}) - E^\circ(\mathrm{As})\} = \frac{10}{0.0592}(1.51 - 0.56) = 1.6 \times 10^2$$

$$K^\circ = \frac{[\mathrm{Mn^{2+}}]^2\,[\mathrm{H_3AsO_4}]^5}{[\mathrm{MnO_4}^-]^2\,[\mathrm{H_3AsO_3}]^5\,[\mathrm{H^+}]^6} = \frac{(2.9 \times 10^{-3})^2 \times (7.1 \times 10^{-3})^5}{(2x)^2 \times (5x)^5 \times 0.10^6} = 10^{160}$$

$$\therefore\ x^7 = 12 \times 10^{-175} \qquad \therefore\ x = 1.4 \times 10^{-25}$$

ネルンストの式に x を代入して電極電位 E を求めると,

$$E(\mathrm{As}) = E^{\circ\prime}(\mathrm{As}) - \frac{0.0592}{2}\log\frac{[\mathrm{H_3AsO_3}]}{[\mathrm{H_3AsO_4}]}$$

$$= 0.50 - \frac{0.0592}{2}\log\frac{5 \times 1.4 \times 10^{-25}}{7.1 \times 10^{-3}} = 1.15\ \mathrm{V}$$

［別解］ 当量点での $\mathrm{MnO_4}^-$ の平衡濃度を $2x$ M, $\mathrm{Mn^{2+}}$ の平衡濃度を $2y$ M とおくと，各化学種の平衡濃度は,

	$[\mathrm{MnO_4}^-]$	$[\mathrm{H_3AsO_3}]$	$[\mathrm{Mn^{2+}}]$	$[\mathrm{H_3AsO_4}]$
平衡濃度（M）	$2x$	$5x$	$2y$	$5y$

ここで $x \ll y$ である．平衡状態では $E(\mathrm{Mn}) = E(\mathrm{As})$ なので,

$$E^{\circ\prime}(\mathrm{Mn}) - \frac{0.0592}{5}\log\frac{[\mathrm{Mn^{2+}}]}{[\mathrm{MnO_4}^-]} = E^{\circ\prime}(\mathrm{As}) - \frac{0.0592}{2}\log\frac{[\mathrm{H_3AsO_3}]}{[\mathrm{H_3AsO_4}]}$$

$$E^{\circ\prime}(\mathrm{Mn}) - \frac{0.0592}{5}\log\frac{2y}{2x} = E^{\circ\prime}(\mathrm{As}) - \frac{0.0592}{2}\log\frac{5x}{5y}$$

$$\therefore\ E^{\circ\prime}(\mathrm{Mn}) - E^{\circ\prime}(\mathrm{As}) = \frac{0.0592}{5}\log\frac{y}{x} - \frac{0.0592}{2}\log\frac{x}{y} = \left(\frac{0.0592}{5} + \frac{0.0592}{2}\right)\log\frac{y}{x}$$

$$\therefore\ \log\frac{y}{x} = \frac{5 \times 2}{(2+5) \times 0.0592} \times \{E^{\circ\prime}(\mathrm{Mn}) - E^{\circ\prime}(\mathrm{As})\}$$

$$E(\mathrm{Mn}) = E^{\circ\prime}(\mathrm{Mn}) - \frac{0.0592}{5}\log\frac{2y}{2x}$$

$$= E^{\circ\prime}(\mathrm{Mn}) - \frac{0.0592}{5} \times \frac{5 \times 2}{(2+5) \times 0.0592} \times \{E^{\circ\prime}(\mathrm{Mn}) - E^{\circ\prime}(\mathrm{As})\}$$

$$= E^{\circ\prime}(\mathrm{Mn}) - \frac{2}{7} \times \{E^{\circ\prime}(\mathrm{Mn}) - E^{\circ\prime}(\mathrm{As})\} = \frac{5E^{\circ\prime}(\mathrm{Mn}) + 2E^{\circ\prime}(\mathrm{As})}{7}$$

$$= \frac{5 \times 1.42 + 2 \times 0.50}{7} = 1.16\ \mathrm{V}$$

(4) 滴定の最初の段階では, 溶液の電位は $E^{\circ\prime}(\mathrm{As})$ に近い．当量点の 2 倍の滴下量 40.0 mL では $[\mathrm{MnO_4}^-] = [\mathrm{Mn^{2+}}]$，よって

$$E(\mathrm{Mn}) = 1.42 - \frac{0.0592}{5}\log 1 = 1.42\ \mathrm{V}$$

(3) の結果と以上の考察より，滴定曲線の概略を描く.

総合

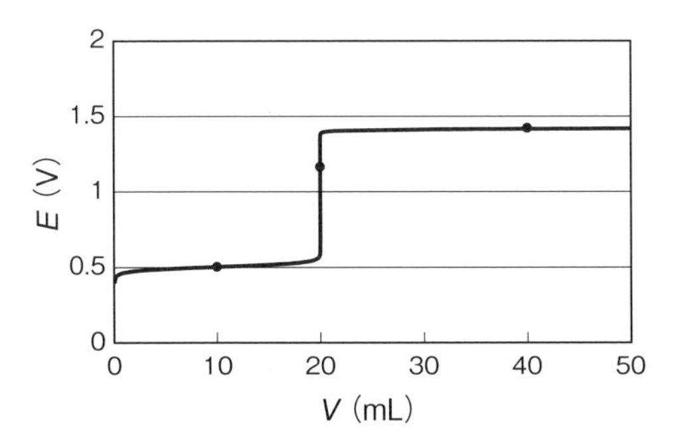

21 (1) IO_3^- と I^- の反応により，I_2 が生成する．問 19 の式 (*1) と式 (*2) より，

$$2IO_3^- + 10I^- + 12H^+ + 10e^- \longrightarrow 6I_2 + 6H_2O$$

I_2 が溶液中の過剰の I^- と反応して I_3^- を生じる．

(2) ア，デンプン指示薬； イ，5.558×10^{-5}； ウ，2.779×10^{-4}； エ，1.438×10^{-4}； オ，14.31

［参考］

イ，$\dfrac{1.005 \times 10^{-2}\ \mathrm{mol/L} \times 11.06\ \mathrm{mL}}{2} = 0.05558\ \mathrm{mmol} = 5.558 \times 10^{-5}\ \mathrm{mol}$

ウ，$\dfrac{5.558 \times 10^{-5}\ \mathrm{mol}}{2} \times \dfrac{1000\ \mathrm{mL/L}}{100\ \mathrm{mL}} = 2.779 \times 10^{-4}\ \mathrm{mol/L}$

エ，$\dfrac{1.026\ \mathrm{g}}{214.0\ \mathrm{g/mol}} \times \dfrac{10.00\ \mathrm{mL}}{1000\ \mathrm{mL}} \times 3 = 1.438 \times 10^{-4}\ \mathrm{mol}$

オ，$1.438 \times 10^{-4}\ \mathrm{mol} = 1.005 \times 10^{-2}\ \mathrm{mol/L} \times \dfrac{x\ \mathrm{mL}}{1000\ \mathrm{mL/L}} \qquad \therefore\ x = 14.31\ \mathrm{mL}$

(3) 過剰のヨウ化物イオンは空気中の酸素によって三ヨウ化物イオンに再酸化される．またチオ硫酸イオンは酸性溶液では亜硫酸と硫黄に分解する．このような副反応の影響を避けるために，滴定を迅速に行う必要がある．

22 (1) 電解セルでは，非自発的な化学反応を進行させるように，外部から電気エネルギーが加えられる．

(2) ア，参照電極； イ，ネルンストの式

(3) 電極 W がカソードとなったことから，自発反応では電極 W で還元反応が，銀–塩化銀電極で酸化反応が起こる．

$$2Ag + 2Cl^- \rightleftharpoons 2AgCl + 2e^-$$
$$PtCl_6^{2-} + 2e^- \rightleftharpoons PtCl_4^{2-} + 2Cl^-$$
$$2Ag + PtCl_6^{2-} \longrightarrow 2AgCl + PtCl_4^{2-}$$

(4) 銀–塩化銀電極の電位は，標準水素電極に対して

$$E = 0.222 - 0.0592 \times \log a(\mathrm{Cl^-}) = 0.222 - 0.0592 \times \log 2.8 = 0.196\ \mathrm{V}$$

電極 W の電位は銀–塩化銀電極に対して 0.534 V であることから，標準水素電極に対して

$$E(\mathrm{W}) = 0.196\ \mathrm{V} + 0.534\ \mathrm{V} = 0.730\ \mathrm{V}$$

(5)　イオン交換

(6)　pH 7 標準液は $H_2PO_4^-$ と HPO_4^{2-} の等モル混合液で緩衝液となる．このため，少量の強酸または強塩基が加えられたとき，pH の変化量は小さい．一方，pH 4 標準液は弱酸の塩 $C_6H_4(COOH)(COOK)$ の溶液である．$C_6H_4(COOH)_2$ の中和滴定における第一当量点の溶液に相当し，少量の強酸または強塩基が加えられたとき pH の変化量は大きい．

23　(1)　ア，電子対；　イ，ルイス酸；　ウ，ルイス塩基；　エ，硬い酸；　オ，軟らかい塩基

(2)　Fe(III) イオンを有色錯体を生成する Fe(II) に還元するため，還元剤である塩酸ヒドロキシルアミン溶液を加える．酢酸ナトリウム溶液は塩酸との反応により，酢酸と酢酸ナトリウムの混合液の緩衝液となる．溶液を弱酸性にして，1,10-フェナントロリン錯体が生成する条件を保つとともに，鉄の水酸化物沈殿の生成を防ぐ．

(3)

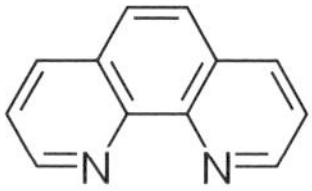

N　N

キレート効果．HSAB 理論における中間の酸（Fe^{2+}）と中間の塩基（C_5H_5N）の結合．

(4)　キレート配位子として 3 個配位し，八面体型錯体をつくる．

(5)　吸収ピークの頂点では波長に対する吸光度の変化が小さいので，精度の高い吸光度測定ができる．

(6)　$\dfrac{0.265}{1.10 \times 10^4\ \mathrm{L/(mol\ cm)} \times 1\ \mathrm{cm}} \times \dfrac{100\ \mathrm{mL}}{20\ \mathrm{mL}} = 1.20 \times 10^{-4}\ \mathrm{mol/L}$

(7)　金属錯体の電荷移動吸収は，一般に大きなモル吸光係数を示すため．

24　(1)　$\varepsilon a \times 10^{-3}$（$b$ が過剰のとき，a が錯体濃度になるため，a にモル吸光係数 ε を乗じる）

(2)　y が最大値をとるとき，$n = \dfrac{b}{a} = \dfrac{2.0}{1.0} = 2$

(3)　y が最大値をとるとき，

$$\varepsilon = \frac{ny}{b \times 10^{-3}} = \frac{y}{a \times 10^{-3}} = \frac{2 \times 1.981}{0.4 \times 10^{-3}} = \frac{1.981}{0.2 \times 10^{-3}} = 9905$$

(4)　(i)　アービング–ウイリアムスの系列に従い，Cu(ox) > Ni(ox) > Co(ox)

(ii)　ルイス塩基であるハロゲン化物イオンの軟らかさの順に従い，

$$\mathrm{AgI_2^-} > \mathrm{AgBr_2^-} > \mathrm{AgCl_2^-}$$

(iii) 配位子のキレート効果により，

$$Cu(NH_2CH_2CH_2NH_2)_2{}^{2+} > Cu(NH_3)_4{}^{2+}$$

25 (1) CaF_2 が溶解して生じるイオンについて，$[Ca^{2+}] = x$ とおくと，$[F^-] = 2x$

$$K_{sp} = [Ca^{2+}]\,[F^-]^2 = x(2x)^2 = 4x^3 = 4.0 \times 10^{-11}$$

$$\therefore\ x = 2.15 \qquad \therefore\ [F^-] = 4.3 \times 10^{-4}\ \mathrm{mol/L}$$

(2) $K_{sp} = [Ca^{2+}]\,[F^-]^2 = 3.0 \times 10^{-2} \times [F^-]^2 = 4.0 \times 10^{-11}$

$$\therefore\ [F^-] = 3.7 \times 10^{-5}\ \mathrm{mol/L}$$

(3) 共通イオン効果

(4) (i) $Mg^{2+} > Ba^{2+}$（イオン半径が小さい方が安定）

(ii) $Fe^{3+} > Fe^{2+}$（中間の酸よりも硬い酸の方が安定）

(iii) $Y^{3+} > La^{3+}$（イオン半径が小さい方が安定）

(5) (i) イオンクロマトグラフィー

(ii) 水和イオンの電荷/半径比が大きいほど吸着が強い．水和イオン半径は $F^- > Cl^- > Br^- > I^-$ の順で，結晶イオン半径が小さいイオンほど水和イオン半径は大きい．1価の陰イオンでは，水和イオン半径の大きいものほど吸着が弱く，早く溶出する．

26 (1) 8-ヒドロキシキノリン（オキシン）．有機沈殿剤，キレート抽出試薬

(2) 1-(1-ヒドロキシ-2-ナフチルアゾ)-6-ニトロ-2-ナフトール-4-スルホン酸ナトリウム（商品名エリオクロムブラック T，EBT）．金属指示薬

(3) ジベンゾ-18-クラウン-6．アルカリ金属イオンやアルカリ土類金属イオンの抽出試薬，相間移動触媒

(4) トリフルオロアセチルアセトン．キレート抽出試薬

(5) スチレンスルホン酸–ジビニルベンゼン共重合体．強酸性陽イオン交換樹脂

(6) オクタデシルシリル基（ODS）．逆相液体クロマトグラフィー固定相

索　引

あ 行

アービング–ウイリアムスの系列　19
アノード　39
安全データシート　1

イオン強度　6
イオン交換　49
イオン交換樹脂　49
イオン交換体　49
イオン積　27
イオン選択性電極　54

エチレンジアミン四酢酸　23
塩基　9
塩基加水分解　9

か 行

化学分析　1
確定誤差　3
カソード　39
硬い–軟らかい酸と塩基　20
活量　6
過飽和　31
ガルバニ電池　39
還元剤　43
緩衝液　10

機器分析　1
吸蔵　31
吸着　31
凝集　31
共存イオン効果　6
共沈　31
共通イオン効果　27
共役酸塩基対　9
巨大環効果　20
巨大環配位子　20
キレート効果　20
キレート配位子　20
均一沈殿法　31
銀滴定　36

偶然誤差　3

系統誤差　3

固–液分配　49
コロイド粒子　31

さ 行

酸　9
酸塩基滴定　15
酸解離　9
酸化還元滴定　43
酸化還元電位　39
酸化還元反応　39
酸化剤　43

自己プロトリシス　9
終点　6
重量分析　1, 31
重量モル濃度　3
主成分　1
条件付き生成定数　23
状態分析　1
少量成分　1

スペシエーション　1

正確さ　3
精度　3
全生成定数　19
選択係数　49

た 行

逐次酸解離定数　10
逐次生成定数　19
抽出率　47
沈殿滴定　36
沈殿の熟成　31

定性分析　1
定量分析　1
滴定　6
デバイ–ヒュッケルの拡張式　6

な 行

熱力学的平衡定数　6
ネルンストの式　40

は 行

配位子　19
半反応　39

標準液　6
標準水素電極　39
標準偏差　3
標定　7

ファヤンス法　36
フォルハルト法　36
不確定誤差　3
ブレンステッド–ローリーの酸塩基理論　9
分配係数　47
分配比　47

分率　10

平衡電位　40
ペプチゼーション　31

ま 行

見掛け電位　40

モール法　36

や 行

有効数字　3

溶解度積　27
ヨウ素還元滴定　43
ヨウ素酸化滴定　43
溶媒抽出　47
容量分析　1
容量モル濃度　3

ルイスの酸塩基理論　19

欧 字

EDTA　23
HSAB　20
pH ガラス電極　54
SHE　39

著者略歴

宗林由樹(そうりんよしき)

1984年　京都大学理学部卒業，博士（理学）
現　在　京都大学化学研究所教授
　　　　公益財団法人海洋化学研究所代表理事

主要著訳書

海と湖の化学－微量元素で探る
（共著，京都大学学術出版会，2005）
生命の惑星－ビッグバンから人類までの地球の進化
（訳，京都大学学術出版会，2014）
ハリス分析化学　原著9版（監訳，化学同人，2017）
基礎分析化学［新訂版］
（共著，サイエンス社，2018）

向井　浩(むかいひろし)

1985年　京都大学理学部卒業，博士（理学）
現　在　京都教育大学教授

主要著書

基礎分析化学［新訂版］
（共著，サイエンス社，2018）

新・演習物質科学ライブラリ＝6

基礎 分析化学演習

2025年2月10日©　　　　初版発行

著　者　宗林由樹　　　発行者　森平敏孝
　　　　向井　浩　　　印刷者　大道成則

発行所　　**株式会社　サイエンス社**

〒151-0051　東京都渋谷区千駄ヶ谷1丁目3番25号
営業　☎ (03)5474–8500（代）　振替 00170–7–2387
編集　☎ (03)5474–8600（代）
FAX　☎ (03)5474–8900

印刷・製本　(株)太洋社

《検印省略》

ISBN978–4–7819–1622–4

PRINTED IN JAPAN

サイエンス社のホームページのご案内
https://www.saiensu.co.jp
ご意見・ご要望は
rikei@saiensu.co.jp　まで．

酸と塩基の溶液

	市販試薬			下の mL をとり水で 1L とするときの大約の濃度			
	重量 [%]	比重	濃度 / M	6 M	2 M	1 M	0.1 M
HCl	37.9	1.19	12	500 †	167	83	8.3
HNO_3	69.8	1.42	16	375	125	63	6.3
H_2SO_4	96.0	1.84	18	336	112	56	5.6
$HClO_4$	60	1.54	9	666	222	111	11.1
	70	1.67	12	試料分解用として用いられる			
H_3PO_4	85.0	1.7	15	400	133	67	6.7
HF	48	1.14	27	222	74	37	3.7
CH_3COOH	99.5	1.05	17	353	118	59	5.9
NH_3	28.0	0.90	15	400	133	67	6.7
	式量	溶解度 [g / 100 g]††		下の g をとり水で 1L とするときの大約の濃度			
NaOH	40.00	53.3		240	80	40	4.0
KOH	56.11	54.2		337	112	56	5.6
$Ba(OH)_2 \cdot 8H_2O$	315.48	4.47		――	――	316	31.6

† 1 atm における共沸塩酸の濃度 20.24 %（bp110 ℃）に近い．
†† 25 ℃における飽和溶液 100 g に含まれる無水化合物の質量（g）．

人の健康の保護に関する環境基準（環境省ホームページより）

項目	基準値	測定方法
カドミウム	0.003 mg L^{-1} 以下	日本産業規格 K 0102（以下「規格」という）55.2，55.3 または 55.4 に定める方法
全シアン	検出されないこと	規格 38.1.2（規格 38 の備考 11 を除く．以下同じ）および 38.2 に定める方法，規格 38.1.2 および 38.3 に定める方法，規格 38.1.2 および 38.5 に定める方法または付表 1 にあげる方法
六価クロム	0.02 mg L^{-1} 以下	規格 65.2（規格 65.2.2 および 65.2.7 を除く）に定める方法（ただし，次の 1 から 3 までにあげる場合にあっては，それぞれ 1 から 3 までに定めるところによる） 1. 規格 65.2.1 に定める方法による場合，原則として光路長 50 mm の吸収セルを用いること 2. 規格 65.2.3，65.2.4 または 65.2.5 に定める方法による場合（規格 65 の備考 11 の b) による場合に限る），試料に，その濃度が基準値相当分（0.02 mg L^{-1}）増加するように六価クロム標準液を添加して添加回収率を求め，その値が 70 ～ 120% であることを確認すること 3. 規格 65.2.6 に定める方法により汽水または海水を測定する場合，2 に定めるところによるほか，日本産業規格 K 0170-7 の 7 の a) または b) に定める操作を行うこと